本书由国家自然科学基金项目（项目号：61601206）资助出版

SAR 图像处理及应用研究

魏雪云　郑　威　著

U0331976

东北大学出版社
·沈　阳·

图书在版编目（CIP）数据

SAR 图像处理及应用研究 / 魏雪云，郑威著. 一 沈
阳：东北大学出版社，2019. 12
ISBN 978-7-5517-2369-5

Ⅰ. ①S… Ⅱ. ①魏… ②郑… Ⅲ. ①合成孔径雷达－
图像处理 Ⅳ. ①TN958

中国版本图书馆 CIP 数据核字（2019）第 297593 号

─────────────────────────────

出 版 者：东北大学出版社
　　　　　地址：沈阳市和平区文化路三号巷 11 号
　　　　　邮编：110819
　　　　　电话：024－83683655（总编室）　83687331（营销部）
　　　　　传真：024－83687332（总编室）　83680180（营销部）
　　　　　网址：http://www.neupress.com
　　　　　E-mail：neuph@neupress.com
印 刷 者：沈阳航空发动机研究所印刷厂
发 行 者：东北大学出版社
幅面尺寸：170mm×240mm
印　　张：10.25
字　　数：236 千字
出版时间：2019 年 12 月第 1 版
印刷时间：2019 年 12 月第 1 次印刷
责任编辑：潘佳宁
责任校对：文　浩
封面设计：潘正一
责任出版：唐敏志

ISBN 978-7-5517-2369-5　　　　　　　　定　价：68.00 元

前 言

　　遥感是到目前为止能够提供全球范围动态观测数据的唯一手段，具有空间上的连续性和时间上的序列性，在航空、航天、军事侦察、灾害预报等诸多军事及民用领域都有着举足轻重的地位。合成孔径雷达（synthetic aperture radar，SAR）具有全天时、全天候工作的特点，能够大面积成像，并具有对某些地物穿透的能力。因此，SAR 在军民应用的各个领域具有独到的优势，在某些情况下能起到其他遥感手段起不到的作用。近年来，全世界多颗 SAR 卫星陆续升空，提供前所未有的高分辨率与宽覆盖，也引起了新的一轮研究热潮。

　　在 SAR 技术发展的前期，人们的研究热点集中在获取高质量的图像上。SAR 图像不仅具有光学图像一般的几何特性和代数特性，而且具有复杂的电磁特性，对其图像的处理及应用研究具有很大难度。对 SAR 图像的处理及应用展开研究具有重要意义。

　　本书针对 SAR 图像的处理及应用展开研究，主要包含以下八个方面。

　　（1）在详述 SAR 原理及传感器对地空间几何关系和数学模型的基础上，研究了 SAR 图像几何校正方法，并分析了斜距测量误差、平台位置测量误差、平台速度测量误差、目标高程测量误差对定位精度的影响。

　　（2）由于侧视成像的特点，地形起伏会导致 SAR 影像存在较大几何畸变，影响图像判读。综合考虑地形起伏的影响，研究 RD 模型的解算方法，并以提高定位精度及便于实际应用为出发点，提出了基于 RD 模型的星载 SAR 图像几何校正新算法。

　　（3）当斜距、平台位置、平台速度、目标高程中的任意因素存在测量误差时，将影响目标的定位精度。综合多传感器协同探测系统的数据互补特性，提出了多星融合定位处理方法，利用多颗卫星数据的互补特性，减少了单颗 SAR 卫星由于上述因素引起的定位误差，提高了定位处理精度。

　　（4）图像配准是图像融合的基础，针对 SAR 图像边缘模糊、难以精确配准的现状，分析了配准误差对融合处理效果的影响。结合各种融合处理算法，分析了不同融合处理算法对配准精度的依赖性，为后续图像配准及融合处理方法的选取提供了支撑。

（5）对比分析了各种图像配准处理方法的特点及存在的问题，在分析融合处理结果与配准精度间相互联系的基础上，提出了基于融合结果的配准处理方法，以融合图像的平均梯度作为评价标准，完成对输入图像的融合处理。通过真实遥感数据的配准处理，验证了本书算法的有效性。

（6）针对 SAR 图像所具有的遮挡效应，研究了 SAR 图像融合去遮挡技术，充分利用输入图像间的互补特性，解决了 SAR 图像去遮挡问题。利用空间多传感器协同探测系统获取的不同方向、不同视角的图像，在完成几何校正及配准处理的基础上，通过多视角 SAR 融合处理减小或消除遮挡区域，获取对目标区域更为完整的描述，为后期图像解译提供便利。

（7）由于受到自然条件的影响，从 SAR 图像中提取海岸线存在弱边界的问题。此外，海岸线附近存在复杂的微地形，使得传统的目视解译和基于边缘信息的图像边缘检测方法在 SAR 图像中难以得到连续、完整的海岸线。针对上述问题，提出了一种基于几何活动轮廓模型的海陆分界线检测方法。该方法采用新的符号压力函数对几何活动轮廓模型进行改进，结合全局的区域光滑信息作为曲线演化的收敛条件，并将其用于 SAR 图像的海岸线检测。实验结果表明，本方法具有迭代次数少、稳定性好、精确度高的特点。

（8）针对 SAR 在图像目标识别领域中识别精度低的问题，设计了一种利用并联卷积神经网络（convolutional neural network，CNN）来提取 SAR 图像特征的目标识别方法。首先利用改进的 elu 激活函数代替常规的 ReLU 激活函数，建立与二次代价函数相结合的深度学习模型。其次采用均方根支柱（root mean square prop，RMSProp）与 Nesterov 动量相结合的优化算法执行代价函数参数迭代更新的任务，利用 Nesterov 引入动量改变梯度，从两方面改进更新方式，有效地提高了网络的收敛速度与精度。对美国 DARPA 推出的 MSTAR 数据集进行实验，结果表明，本书提出的算法能充分提取出 SAR 图像中各类目标所蕴含的信息，具有较好的识别性能，是一种有效的目标识别算法。

限于著者水平，本书中难免有不妥之处，恳请各位专家学者给予批评指正。

著者

2019 年 8 月

目　录

1 绪 论

1.1 研究目标及意义

 遥感是目前为止能够提供全球范围动态观测数据的唯一手段,具有空间上的连续性和时间上的序列性,因此在航空、航天、军事侦察、灾害预报等很多军事及民用领域有着举足轻重的地位。现代遥感技术正在进入一个能快速、及时提供多种对地观测遥感数据的新阶段。随着现代遥感技术的发展,由各种卫星传感器对地观测获取同一地区的多源遥感图像数据越来越多,可以提供包括多时相、多光谱、多平台和多分辨率的图像。它们为资源调查、环境监测等提供了丰富而又宝贵的资料,从而构成了用于全球变化研究、环境监测、资源调查和灾害防治等多层次的应用。

 合成孔径雷达(synthetic aperture radar, SAR)具有全天时、全天候工作的特点,能够大面积成像,并具有对某些地物穿透的能力。因此,SAR 在军民应用的各个领域具有独到的优势,在某些情况下能起到其他遥感手段起不到的作用。近年来,全世界多颗 SAR 卫星陆续升空,提供前所未有的高分辨率与宽覆盖,也引起了新的一轮研究热潮。

 在合成孔径雷达技术发展的前期,人们的研究热点集中在获取高质量的图像上。SAR 图像不仅具有光学图像一般的几何特性和代数特性,而且具有复杂的电磁特性,对其图像的处理及应用研究具有很大难度。截至目前,对其图像的处理研究还不够系统,远远落后于前期图像获取技术的研究,严重制约了对其图像的应用,故对 SAR 图像的处理及应用展开研究具有重要意义。

1.2　合成孔径雷达图像处理研究现状及前景

1.2.1　合成孔径雷达发展历史

　　SAR 的概念一般认为是 1951 年由美国 Goodyear 公司的 Wiley 首次提出的。在 1965 年，Wiley 取得了相应的专利[1]。然而第一次试验验证是在 1953 年由伊利诺伊大学(University of Illinois)的一个科研小组完成的[2]。随后，密歇根大学承担了美国军方发起的一个 SAR 研究项目，伊利诺伊大学、通用电器公司、GoodYear 公司等大学和企业参加了该项目。这是一系列对 SAR 技术发展有重大贡献的科学研究的开始。世界上第一部实用的 X 波段(波长为 3cm)SAR 系统是在 1957 年由密歇根大学的 Willow Run 实验室，即现在的密歇根环境研究所(ERIM)，为美国国防部研制成功的。但该领域相关的早期研究活动仍然没有解密。从 20 世纪 60 年代末期开始，美国宇航局(NASA)开始发起面向民用的 SAR 系统开发计划。所开发的第一个系统是对 ERIM 开发的 X 波段 SAR 系统的改进。1973 年，NASA 对该系统进行了更新，增加了 L 波段，具有两个波段的同极化和交叉极化能力。喷气推进实验室(JPL)为 NASA 研制了一个 L 波段 SAR 传感器。1962 年，该传感器被安装在火箭上，在新墨西哥导弹实验基地进行了一系列的实验研究。1996 年，该传感器被安装在 NASACV-990 飞机上，NASA 又对该系统进行了改进。随后，JPL 和 NASA 联合开展了阿波罗月球探测器计划，该探测器在 1972 年成功登上了月球。该实验的成功以及 ERIM 和 JPL 在机载 SAR 传感器研制方面取得的成果，使 NASA 决定在 SEASAT-A 实验中使用 L 波段(波长为 23cm)SAR 传感器。1978 年 6 月，美国成功发射海洋卫星(SEASAT-A)。虽然 SEASAT-A 最初定位于海洋学研究，但在其他领域如极地冰川、地质、陆地分析等方面也取得了很有意义的结果。由于系统故障，该试验仅进行了 100 天，但取得的结果充分证实了 SAR 系统的重要性。

　　SEASAT-A 后，NASA 开展了一系列的航天飞机成像雷达(shuttle imaging radar, SIR)飞行实验计划。1981 年 SIR-A 成功飞行，该传感器是 L 波段 HH 极化，具有固定的 47°的视角；数据记录采用光学形式，这和阿波罗月球探测器一样；数据处理也全部采用光学方式；整个飞行主要应用目标为地质和陆地应用研究。SIR-B 于 1984 年发射成功，仪器仍然是 L 波段 HH 极化，但入射角可以在15°~16°变化。数据接收系统全部是数字化方式。SIR-C 传感器应用于1994年的两次飞行实验中。SIR-C 具有 C 波段(波长为5.6cm)、L 波段和 X 波段(3cm 的波长);L 波段和 C 波段可以获取四个极化方式的数据。X 波段传感器由德国及意大利共同研制。这个 SIR-C/X SAR 可以同时获取不同的波段和极化方式的数据,是到目前为止功能最全的一个空载(space-borne)传感器。在 SIR-C/X SAR 第二次飞行计划中(1994年10月),成功开展了重复轨道干涉测量试验。

欧洲空间局(ESA)通过成功发射两颗 C 波段 VV 极化的雷达传感器 ERS-1 和 ERS-2,为 SAR 技术的发展做出了重要贡献。ERS-1 和 ERS-2 分别于1991年和1995年发射。这两颗卫星按照重复的轨道运行,前后时间相隔1天,为重复轨道干涉测量研究提供了非常好的试验数据。这使 SAR 干涉测量(IFSAR)和差分干涉测量(DIFSAR)研究出现了前所未有的热潮。

其他国家也发展了民用星载 SAR 系统。1991年苏联成功发射了 S 波段(9.6cm 的波长)金刚石一号(ALMAZ-1)卫星。日本的 L 波段 HH 极化 JERS-1 SAR 于1992年成功发射。加拿大于1995年成功发射了第一颗商业卫星 RADARSAT-1 SAR,属于 C 波段 HH 极化,并具有多种视角和扫描(SCANSAR)成像模式。

美国奋进号航天飞机于2000年2月成功完成了航天雷达测图计划(SRTM)。利用航天飞机上安装的双天线干涉测量系统,在11天内完成了覆盖地球表面80%区域的干涉数据测量,可以生成全球30m分辨率的数字地形图。欧洲空间局于2001年成功发射了多传感器卫星 ENVISAT。该卫星上的 C 波段 ASAR 传感器具有两种可选择的极化方式,并且具备扫描 SAR 的功能。

2007年6月15日,德国雷达遥感卫星 TerraSAR-X 在位于哈萨克斯坦的拜科努尔发射中心发射成功。4周后,第一批雷达数据成功传回到位于德国 Neu-strelitz 的德国遥感数据中心(DFD)。发射后8周,卫星系统已经完全正常运行,并传回了超过2500幅雷达图像。第一批影像产品已经由 DLR 遥感信息处理研究所(IMF)制作完成。2010年6月,德国航天局(DLR)又发射了 TanDEM-X,在星载 InSAR 系统中加入了许多新技术,引起了国际遥感领域的特别关注,已成为在星载雷达领域验证和发展新型成像模式的关键计划,其应用潜力不可估量。我国于2016年8月成功发射并于2017年1月正式交付使用的高分三号(GF-3)卫星,是我国首颗分辨率达到1m的 C 频段多极化 SAR 成像卫星。总之，星载 SAR 发展迅速，多波段、全极化、多种成像模式及干涉测量能力是未来星载 SAR 的发展趋势。

随着 SAR 技术的迅速发展，其在测绘、地质、水文、海洋、农业、林业和生态等领域的应用不断深入和发展。测绘部门主要利用 SAR 提取数字高程模型（DEM）。早期主要是利用雷达图像立体摄影测量技术制作 DEM。近年来，干涉测量技术逐渐成为基于 SAR 数据提取高精度 DEM 的主流。地质领域，SAR 主要应用于地质构造图的测绘、岩性测绘、地面物质及土地形态测绘、基本图件绘制和工程地质条件评价等。在水文方面的主要应用有内陆水的探测、洪水制图以及土壤湿度、流域径流、雪、冰流及冰川的测绘等。在农业方面，SAR 主要应用于作物类型识别、面积估算和土壤湿度的估测。在林业方面的应用主要是森林类型的识别、采伐区域识别、生物量估测、林分高的测量等。SAR 在生态领域最主要的应用是以森林为主的植被生物量估测及其空间分布制图。

1.2.2　合成孔径雷达的特点

SAR 是一种主动式微波传感器，它利用脉冲压缩技术提高距离分辨率，利用合成孔径原理提高方位分辨率，从而获得大面积的高分辨率雷达图像。SAR 具有全天时、全天候、多波段、多极化工作方式、可变侧视角、穿透能力强和高分辨率等特点。它不仅可以较详细、较准确地观测地形、地貌，获取地球表面的信息，还可以透过一定地表和自然植被收集地下的信息。

合成孔径雷达的优点主要体现在以下几个方面。

（1）远距离、全天候

SAR 能够提供全天候条件下的详细的地面测绘资料和图像，这种能力对于现代侦察任务至关重要，也是 SAR 最值得推崇的优越之处。在恶劣条件下，在其他传感器不能很好工作的情况下，合成孔径雷达就成为一种合适的探测传感器，同时，SAR 能够昼夜工作并且穿透尘埃、烟雾和其他一些障碍。虽然红外（IR）传感器也能够在夜间工作，但是它与其他电光传感器一样，不能在恶劣气候下产生清晰的图像。

SAR 具有防区外探测能力，即可以不直接飞越某一地区而能对该地区进行地图测绘。与红外和电光传感器不同，SAR 的分辨能力与距离是无关的，不会随着距离的增加而降低。在美国的综合机载侦察战略中，SAR 因其全天候能力而被列为基准的成像手段。

（2）高分辨能力

SAR 能够以很高的分辨能力提供详细的地面测绘资料和图像。目前 SAR 的分辨能力已经达到 0.1m(MiniSAR)，但仍未达到其物理极限，在未来一段时间内，SAR 的成像分辨率将会更高。

（3）具有穿透性的观察视场

具有树叶穿透能力的较低频率的 SAR 也在近期发展之列。大多数的 SAR 工作于 X 波段或更高的频段，这种频率不能穿透树叶进行探测。UHF 波段的雷达能够穿透树叶并能提供比 X 波段更好的全天候覆盖区域，但是目前要开发这一频段的 SAR 还存在很大的技术障碍。

SAR 也有不足之处，最突出的是雷达的成像难以解释，这不是 SAR 特有的问题，而是所有雷达都普遍存在的问题。不同于直观图像，人们必须经过训练才能确认雷达图像所传达的信息。

1.2.3 合成孔径雷达的应用

合成孔径雷达因其独特的优点，已在军事、海洋、农业、林业、测绘、地质、水文、生态、防灾减灾、土地利用等领域得到了广泛应用。

在军事应用方面，由于 SAR 能全天候、全天时工作，不受云、雨等气象条件的影响，油井的燃烧、沙漠的风沙、战场的烟雾都无法阻扰 SAR 的观测，因此 SAR 在军事情报侦察、战争效果评估方面具有重要价值；SAR 可以获取地物本身的电磁特性，能发现伪装的目标，对沙土、植被等具有一定的穿透性，能够发现隐藏的目标，对于军事目标的检测意义重大；SAR 还可以对动态目标进行探测；机载 SAR 常常侧视工作，不进入敌领空就能探测敌纵深目标，载机生存力强；利用干涉 SAR，还可对军事地形进行观测；安装了合成孔径雷达导引头的制导武器，利用景象匹配技术，可有效提高中远程攻击武器的末端制导精度；海洋中的舰船目标本身很难检测，其航行的尾迹在 SAR 图像上很明显，可以据此提高舰船检测的精度。

在海洋应用方面，合成孔径雷达可对浮冰和海岸带进行监测；SAR 图像对海面结构非常灵敏，可据此对海面风场、海浪和海流进行观测，对其相互作用的行为、机制和结果进行定性及定量分析；合成孔径雷达图像可在一定程度上反映浅海海底地形的变化，可用于海底地形测绘；海洋表面溢油区粗糙度降低，在 SAR 图像上反映明显，可以利用 SAR 图像进行海面溢油监测。从 SAR 图像中还可利用舰船尾迹检测舰船。

在农业应用方面，由于合成孔径雷达对地物水分含量的敏感性，可被应用于农作物识别、农作物生长状况估计与土壤湿度分析等方面。

在林业应用方面，合成孔径雷达图像被用于林种分类、森林生物量估计、森林高度反演、采伐区域测图、林火风险估计等。

在测绘应用方面，干涉合成孔径雷达是地形测绘的有力工具，特别是对于气象条件复杂，常年被云雾覆盖的区域，可见光与红外遥感往往受到很大的限制，而合成孔径雷达仍然可以正常完成工作。

在地质应用方面，合成孔径雷达图像在地形地貌分析、岩性地层划分、地质构造分析、隐伏活动构造及其他隐伏地质现象的探测、火山观测均有所应用。干涉合成孔径雷达还可监测到地表微弱的运动，精度可以达到毫米量级，被应用于地面沉降和滑坡监测、火山监测、地震监测等领域。

在水文方面，SAR 图像可用于流域径流监测、冰雪监测等。

在生态应用方面，合成孔径雷达被用于冰川监测、极地海冰监测、植被覆盖监测等。

在防灾减灾方面，合成孔径雷达被用于洪水监测、林火风险估计、灾情监测等方面。

在土地利用方面，SAR 图像还是土地利用调查的重要数据。

由此可以看出，合成孔径雷达具有独特的优势以及广泛的应用前景，为充分利用 SAR 图像，研究合成孔径雷达图像处理具有重要意义，是一个很有吸引力的研究方向。

1.3 本书主要工作

本书主要就 SAR 图像处理及应用展开研究，涉及 SAR 图像的几何校正、图像配准、SAR 图像融合及应用、SAR 图像海岸线检测、SAR 图像目标识别。

1.3.1 SAR 图像的几何校正

合成孔径雷达已经成为对地观测的一种有效手段。由于侧视成像的特点，地形起伏导致 SAR 影像存在较大几何畸变，存在着透视收缩、迭掩、阴影等特有现象，从而限制了其应用范围。如果需要从 SAR 影像提取空间位置信息，或进行多时相、多源信息的综合分析，必须对其进行高精度几何校正。

遥感图像几何校正的步骤为：准备工作、输入原始数字影像、建立校正变换函数、确定输出影像范围、像元几何位置变换、像元的灰度重采样。其中，建立校正变换函数是几何校正研究的重点。多项式校正法是实践中常用的遥感图像几何校正方法，它的原理比较直观，且计算简单。共线方程校正法又称为数字微分法，也常用来进行几何校正，它是对成像空间几何形态的严格描述，从理论上来说，它比多项式校正更为严密，也可用于光学图像几何校正。

合成孔径雷达具有比较复杂的成像机理，没有光学影像中那样明确的像点、物点对应的共线方程关系，若采用光学遥感影像校正的方法对 SAR 影像进行校正，将很难得到满意的校正结果。对于合成孔径雷达，国外在其几何校正方面已有大量研究与应用，国内学者在此基础上也展开了一些研究，但还远远不够，还有待进一步深入研究。距离-多普勒（RD）模型[3]考虑了 SAR 成像机制，由于其定位优越性成为目前星载 SAR 影像几何校正最常用的模型。近年来，对基于 RD 模型的几何校正研究主要集中在对定位模型的解算方法上。

随着星载 SAR 测量技术的提高，特别是轨道测量精度的提高，SAR 目标定位精度已达到米级甚至优于 1m。例如，德国 TerraSAR-X 卫星轨道测量精度为 3cm，由此带来的定位误差小于 10m，在特定工作模式下定位误差甚至达到亚米级别[4-5]。欧空局（ESA）于 2014 年和 2016 年相继发射的 Sentine1-1A/B，其 L0 级 SLC 产品绝对定位精度在 SM 模式下可达 2.5m[6-7]，在 IW 模式下为 7m。我国于 2016 年 8 月成功发射并于 2017 年 1 月正式交付使用的高分三号（GF-3）卫星，是我国首颗分辨率达到 1m 的 C 频段多极化 SAR 成像卫星，其系统定位精度可以达到 3m[8]；通过修正对流层模型减少大气延迟对定位的影响，定位精度可提高数分米[9]，为得到更精确的几何定位结果，还有很多工作急需进一步研究。

本书在 RD 模型的基础上开发了适用于星载 SAR 图像几何校正的新算法；另外利用融合的思想，通过协同探测进行了提高目标定位精度的研究。

1.3.2　图像配准

随着卫星和传感技术的发展，人们获得了海量的遥感数据。考虑到这些数据在成像机理、数据模式、受干扰类型等方面都不尽相同，如何对这些海量数据进行有效的分析和解译，提取有用的信息，成为图像处理技术研究领域的一大热点。图像处理过程中经常需要对同一目标区域不同时段所获得的多幅图像进行分析和比较，如进行变化检测、信息融合、三维重建和地图修正等。这类任务的一个前提条件是把多幅图像变换到相同的坐标系统中，这一坐标系可以是相对坐标系，也可以是绝对坐标系。如果以其中的一幅图像作为基准图像并建立相对坐标系，通过坐标变换把其他图像都变换到基准图像所处的坐标系中，这个过程就是图像配准。

SAR 图像配准是 SAR 图像解译系统中的一个重要研究方向，由于各传感器通过的光路不同、成像体制不同或由于传感器平台校准不完善等原因，图像间可能存在相对平移或旋转、不同比例缩放甚至不同畸变关系等原因，使得融合不能直接进行，而必须进行图像配准[10-11]。因此，图像空间配准是多源遥感图像融合特别是像素级融合前非常重要的一步，其误差大小直接影响融合结果的有效性。它是进行多源遥感图像数据融合的前提与基础。

一般来讲，图像的配准可以看成是以下几种要素的结合：特征空间、搜索空间、搜索策略和相似性度量标准。对于图像配准的研究主要体现在相似性度量标准上。图像配准的方法大致可分为以下几类：① 直接利用图像灰度值的方法（如相关方法等），本类方法一般不需要对图像进行复杂的预先处理，而是利用图像本身具有的灰度的一些统计信息来度量图像的相似程度，主要特点是实现简单，但在最优变换的搜索过程中往往需要巨大的计算量；② 利用频域的方法，如基于快速傅里叶变换的方法；③ 基于图像特征的方法，如边缘、角点方法等；④ 基于区域的方法等。

图像配准方法经过多年的研究，已经取得了很多研究成果。但是由于图像数据获取的多样性，不同的应用对图像配准的要求各不相同，以及图像配准问题的复杂性，并没有一种具有普适性的图像配准方法。也就是说，不同的配准方法都是针对不同类型的图像配准问题的。因此，图像配准研究两个重要的目标是：一方面提高其对于适用图像的算法的有效性、准确性和鲁棒性，另一方面力求能扩展其适用性和应用领域。

本书在研究了各种配准方法特点的基础上，开发了新的 SAR 图像配准算法。

1.3.3　SAR 图像融合及应用

随着遥感技术的迅猛发展和新型传感器的不断涌现，人们获取遥感图像数据的能力不断提高，由不同物理特性的传感器所产生的遥感图像不断增多，在同一地区往往可以获得大量的不同尺度、不同光谱、不同时相的多源图像数据信息。这些遥感图像数据在时间、空间和光谱方面差异很大，而各种传感器提供的遥感图像数据又各有特点。遥感技术应用的主要障碍，不是数据源不足，而是从这些数据源中提取更丰富、更有用、更可靠信息的能力大小[12]。

各种单一的遥感手段获取的图像数据在几何、光谱、时间和空间分辨率等方面存在明显的局限性和差异性，而在现实应用中为了满足不同观测和研究对象的要求，这种局限性和差异性还将长期存在，导致了其应用能力的限制。所以仅仅利用一种遥感图像数据是难以满足实际需求的，同时为了对观测目标有一个更加全面、清晰、准确的理解与认识，人们也迫切希望寻求一种综合利用各类图像数据的技术方法。因此把不同的图像数据的各自优势和互补性综合起来加以利用就显得非常重要和实用[13]。

与单源遥感图像数据相比，多源遥感图像数据所提供的信息具有冗余性、互补性和合作性。多源遥感图像数据的冗余性表示它们对环境或目标的表示、描述或解译结果相同。冗余信息是一组由系统中相同或不同类型的传感器所提供的对环境中同一目标的感知数据，尽管这些数据的表达形式可能存在着差异，但总可以通过变换，将它们映射到一个共同的数据空间，这些变换的结果反映了目标某一个方面的特征，合理地利用这些冗余信息，可以降低误差和减少整体决策的不确定性，提高识别率和精确度。互补性是指信息来自不同的自由度且相互独立，它们也是一组由多个传感器提供的对同一个目标的感知数据。一般来讲，这些数据无论是表现的形式还是所表达的含义都存在较大的差异，它们反映了目标的不同特性。对这些互补信息的利用，可以提高系统的准确性并提高最终结果的可信度，合作信息的应用，可提高协调性能[14]。因此把多源图像数据各自的优势结合起来加以利用，获得对环境或对象正确的解译是很重要的。多源遥感图像数融合则是集多种传感器信息的最有效途径之一，它为多源遥感图像数据的处理、分析与应用提供了全新的途径，可以减少或抑制单一信息对被感知对象或环境解释中可能存在的多义性、不完整性、不确定性和误差，最大限度地利用各种信息源提供的信息，从而大大提高在特征提取、分类、目标识别等方面的有效性[15-16]。将信息融合技术与遥感图像处理紧密地结合在一起，被认为是现代多源图像处理和分析中非常重要的一步。

SAR传感器是斜距测量仪器，对于非平坦区域，由于其斜距成像的特点，合成孔径雷达影像上会出现和光学遥感影像显著不同的几何形变特征，包括透视收缩、叠掩和遮挡。SAR影像上的几何畸变一部分可以通过几何校正解决，而遮挡部分对应雷达信号无法到达的区域，收到的信号为零，通过校正无法解决。若使用多幅从不同方向得到的SAR图像，对各图像提供的互补信息，通过多源图像融合的手段有望达到去 SAR 图像遮挡的目的。

为了与光学图像的阴影区别开来，本书将 SAR 图像中因地形起伏造成的阴影部分称为遮挡。遥感图像融合与其研究目的息息相关，本书将利用融合手段对合成孔径雷达图像进行处理，解决去 SAR 图像遮挡问题，SAR 图像去遮挡后能够扩大 SAR 图像的观测区域并为后期图像解译提供便利。

为实现多源图像的融合，往往需要对获取的图像进行图像的校正、增强、平滑、滤波等预处理，可根据具体情况进行所需的预处理过程。图像的校正和配准是实现多源遥感图像融合的必要前期工作。

利用空间多传感器协同探测系统，能够对地面区域在同一时刻进行多视角协同观测，通过多视角 SAR 融合处理减小遮挡区域，可以提高时空覆盖范围，从而利于 SAR 图像的进一步应用。融合流程如图 1-1 所示。

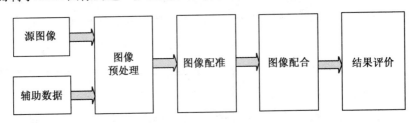

图 1-1 融合研究流程图

如前所述，遥感图像融合是一个极具挑战性的综合性研究课题，面临的问题很多，本书主要从技术与应用的角度，根据合成孔径雷达图像的特点，进行基于融合的合成孔径雷达图像去遮挡研究。

1.3.4 SAR 图像海岸线检测

快速而又准确地测定海岸线对于海域使用管理具有十分重要的意义。传统的野外实地调查方法花费人工多、效率低、工作周期长，而且获取的数据不易统计。遥感具有强大的数据获取能力，在海岸线调查中具有显而易见的优势[17-19]。可见光遥感由于成像特点符合人类视觉特性，常用于海岸线检测，然而受光照、气候条件等限制较大。与可见光遥感相比，合成孔径雷达具有全天时、全天候工作的特点，能够大面积成像，可以在恶劣天气情况下记录海岸线变化的信息，在海岸线检测中获得了很好的应用。然而，风、海浪及斑点效应等因素的影响，导致陆地与海洋对比度不强，边界不清晰，这都使 SAR 图像的海岸线检测成为一大难题。现有的 SAR 图像海岸线检测技术多采用基于活动轮廓模型或水平集的方法进行迭代计算，计算复杂度高且检测精度受初始轮廓、窗口大小等因素的影响较大。

由于自然条件的影响，从 SAR 图像中提取海岸线存在弱边界的问题。此外，海岸线附近存在复杂的微地形，使得传统的目视解译和基于边缘信息的图像边缘检测方法在 SAR 图像中难以得到连续、完整的海岸线。针对上述问题，本书提出一种基于几何活动轮廓模型的海陆分界线检测方法。该方法采用新的符号压力函数对几何活动轮廓模型进行改进，将全局的区域光滑信息作为曲线演化的收敛条件，并将其用于 SAR 图像的海岸线检测，有利于解决海岸线弱边界的问题。

1.3.5 SAR 图像目标识别

大量全新的 SAR 数据，带来了 SAR 信息提取和应用的新挑战。这些 SAR 数据不仅与常见的光学图像表现特征不同，其所包含的信息也不相同，传统的信息提取方法应用于 SAR 图像时便显现出其局限性。目标识别作为 SAR 图像处理和信息提取的关键技术，不仅被应用于军事侦察方面，在海洋环境、海事、渔业、减灾等领域也有重要应用价值。SAR 图像的目标识别，是随着 SAR 系统的出现和发展而发展起来的新兴技术，国外在该领域已有许多研究成果，一些工程化软件系统也在部分国家的相关部门投入使用。近年来，我国也有许多单位开始从事 SAR 图像目标识别的研究工作，并产生了许多研究成果和目标探测方面的专著。

SAR 由于成像机制的特殊性，图像中有明显的相干斑噪声存在。当目标存在起伏变化时，SAR 图像上会存在复杂的失真与几何畸变，致使 SAR 图像识别率不高。针对此问题，本书提出利用并联卷积神经网络(convolutional neural network，CNN)来提取 SAR 图像特征的目标识别方法。首先基于 TensorFlow 平台对数据集进行预处理，将数据集转换成 TFRecord 格式并将数据集图片转换成训练网络输入需要的大小，同时为了方便网络训练，输入数据需进行批处理。其次利用提出的两种基于不同卷积和汇聚核大小的改进 CNN 并联模型对数据集进行特征提取，用改进的 elu 激活函数代替常规的 relu 激活函数，该模型不仅能充分提取出 SAR 图像蕴含的目标信息，而且对 SAR 图像斑点噪声有很好的鲁棒性。最后采用与 Nesterov 动量结合的均方根支柱(root mean square prop，RMSProp)作为网络的优化算法，有效提高了网络的训练速度与识别性能。

1.4 本书章节安排

本书的章节组织结构如下所述。

第 1 章为绪论，介绍了合成孔径雷达图像处理研究的目的与意义，回顾了合成孔径雷达图像处理的研究现状，另外对本书的主要研究内容进行了初步总结。

第 2 章介绍了合成孔径雷达基础以及传感器对地空间几何关系、卫星轨道知识，并对相关坐标系进行了介绍，为遥感图像预处理的几何校正奠定基础。

第 3 章在分析由于侧视成像引起的合成孔径雷达图像几何特点的基础上，探讨了合成孔径雷达图像几何校正预处理过程，分析了各因素对定位精度的影响，为后续的图像配准做铺垫。

第 4 章分析了图像融合与前期配准之间的联系。由于遥感影像进行像素级融合前需要严格配准，而实际应用中高精度的遥感图像配准难度很大，应寻找一种对配准要求较低的融合方法指导实际应用。

第 5 章讨论了遥感图像的各种配准方法，以及各种方法的特点，并对前述做过几何校正的只存在刚性变换的遥感图像进行配准，给出了一种新的基于图像灰度的快速遥感图像配准方法。

第 6 章利用前几章提出的校正以及配准技术，首先对真实 SAR 图像进行几何校正处理和配准处理，并利用融合的思路将 SAR 图像几何校正技术、SAR 图像配准技术、SAR 图像融合技术结合起来，提出了通过融合手段实现合成孔径雷达图像去遮挡问题的方法。

第 7 章将 SAR 图像应用于海岸线提取，提出了一种基于几何活动轮廓模型的海陆分界线检测方法。该方法采用新的符号压力函数对几何活动轮廓模型进行改进，将全局的区域光滑信息作为曲线演化的收敛条件，并将其用于 SAR 图像的海岸线检测。

第 8 章将 SAR 图像用于目标识别，设计了一种利用 CNN 来提取 SAR 图像特征的目标识别方法。利用改进的 elu 激活函数代替常规的 relu 激活函数，建立了与二次代价函数相结合的深度学习模型。采用 RMSProp 与 Nesterov 动量结合的优化算法执行代价函数参数迭代更新的任务，利用 Nesterov 引入动量改变梯度，从两方面改进更新方式，有效地提高了网络的收敛速度与精度。

最后总结了本书的主要研究工作，并对今后的进一步研究作出展望。

2 合成孔径雷达基础

合成孔径技术的思想是对在平台前进方向的不同位置上所接收的包含相位信息的信号进行记录和处理，观测比实际天线更长的假设天线并得到结果。SAR 的原始数据是把雷达天线发射出的宽幅脉冲到达地表后的后向散射信号以时间序列记录下来的数据，在原始数据中，来自地表一点 P 的后向散射信号被拉长记录到仅仅相当于脉冲宽度的距离向上。但 SAR 得到的原始数据还不是图像，只是一组包含强度、相位、极化、时间延迟和频移等信息的大矩阵，需要经过复杂的处理，才能得到通常意义上的图像。

作为微波遥感的代表，合成孔径雷达在地球科学遥感领域具有独特的对地观测优势。合成孔径雷达是一种高分辨率相干成像雷达。雷达空间分辨率定位在两个方向上：与飞行方向平行及垂直的方向。平行于雷达飞行方向的分辨率称为方位向分辨率，垂直于飞行方向的分辨率称为距离向分辨率。确定雷达空间分辨率的参数取决于所定义的方向。高分辨率包含两方面的含义，即高的方位向分辨率和高的距离向分辨率。SAR 采用以多普勒频移理论和雷达相干为基础的合成孔径技术来提高雷达的方位向分辨率，采用脉冲压缩技术来提高距离向分辨率。合成孔径雷达与真实孔径雷达的不同主要在于信号处理部分。真实孔径雷达的距离向分辨率受发射脉冲宽度的限制，当要求非常高的距离向分辨率时，必须发射非常窄的脉冲，同时随着距离的增大，发射信号的能量也必须增大；方位向分辨率取决于天线孔径、作用距离及工作波长，当波长一定时，方位向孔径越长，斜距越小，方位向分辨率越高。对于机载和星载雷达而言，由于受到硬件条件限制，不可能获得非常窄的脉冲宽度和很大的天线孔径，因此难以获得很高的分辨率。SAR 克服了这些困难，它利用脉冲压缩技术获得高的距离分辨率，解决了距离向分辨率与探测距离之间的矛盾；利用合成孔径原理提高方位向分辨率，从而获得大面积的高分辨率雷达图像。

在成像雷达的照射范围内，被照射的两个目标在距离向和方位向都相隔一定的距离。分辨率是描述雷达判别于空间上相邻目标的最小距离。对遥感系统分辨率的理解是图像理解的基础，对系统分辨率及分辨率范围变量的认识是确定所使用传感器可行性的重要考量。对任何雷达而言，由距离向分辨率和方位向分辨率所确定的单元称为分辨单元。根据奈奎斯特(Nyquist)采样定理，每个分辨单元应分别在距离向和方位向有两个采样点，在图像上，这些采样点被称为像元，所以每个分辨单元有4个像元，而光学传感器每个分辨单元仅有一个像元，容易把传感器的分辨率当成像元大小使用而造成混淆。雷达图像的分辨特性在很大程度上决定了它辨识目标的能力。

2.1　距离分辨率与脉冲压缩技术

SAR利用脉冲压缩技术获得高的距离分辨率，解决了距离分辨率与探测距离之间的矛盾。对于脉冲雷达，为获得高信噪比，需提高发射的平均功率。由于提高脉冲峰值功率受硬件条件的限制，为保证一定的平均功率，增大脉冲宽度等价于增大峰值功率。脉冲宽度太大，会影响分辨率的提高。为解决这一矛盾，现代雷达和通信系统包括SAR系统普遍采用脉冲压缩技术，即发射的脉冲不再是简单脉冲，而是幅度或相位按波形调制，在接收端经过压缩处理使得接收脉冲等效于由短脉冲产生，这样在时间上即使有重叠的脉冲，也能经过压缩处理而区分开。

现代调频脉冲信号技术是现代雷达和通信系统普遍采用的脉冲压缩技术，也是高精度SAR系统普遍采用的模拟相位编码技术。该技术易于生成波形，对应的压缩处理过程也相对简单。发射宽脉冲，从而增大发射平均功率，保证足够的最大作用距离；但在宽脉冲内进行频率范围为$f_1 \sim f_2$的线性频率调制(frequency modulation，FM)，即在脉冲持续期内，信号频率连续线性变化，因此称为Chirp信号。在接收时则采用相应的脉冲压缩方法获得窄脉冲，以提高距离向分辨率。

设f_c是具有线性平率特征的脉冲波形的载频，K为调频率，脉冲持续时间为T_p。信号理论指出，带宽为B的信号可以等价处理为持续时间为$1/B$的脉冲，相关接收机的输出定义为接收信号和发射信号的互相关，相关接收的输出在$t = 1/B$的附近$\pm(1/KT_p)$较大，在其他地方较小，这样，长T_p的脉冲接收信号被压缩成为$\pm(1/KT_p)$的尖脉冲，相关接收机实现了脉冲压缩。经脉冲压缩后的波形为sinc函数，半功率宽度与脉冲信号的频率宽度成反比，即压缩后脉冲宽度由信号带宽B决定，与原始脉冲宽度T_p无关。定义脉冲压缩比PCR为压缩前简单脉冲长度与压缩后的脉冲长度之比，脉冲压缩比反映了脉冲压缩引起的距离向分辨率的改进。随着脉冲压缩比的增大，SAR 的作用距离增加的同时还有很高的距离向分辨能力。

2.2　方位向分辨率与合成孔径原理

对于真实孔径雷达，要提高方位向分辨率，必须增大天线的尺寸。当雷达工作频段选定后，只能靠增大其物理量尺寸来实现，这显然受所载重量、能容纳的体积、加工工艺等方面的限制。合成孔径雷达利用天线飞行过程中在不同位置的回波信号进行方位压缩，实现方位向的高分辨率，以达到一个大孔径天线系统应有的分辨率。

雷达的照射区域定义为天线半功率宽度在地表的范围。由于天线波束在方位向有一定距离，雷达飞行通过其足迹需要一定时间，在这段时间内发射多个脉冲，每个发射脉冲都代表着雷达图像上的一条扫描线。

合成孔径技术是天线平台运动形成的阵天线，实际天线作为阵的单元，在运动过程中按顺序采集，记录目标的回波信号，然后在信号处理中补偿天线在不同位置的波程差引起的相位差，使一个点目标的回波信号同相叠加，其结果与一个长孔径阵列天线一样。SAR 的方位向分辨率与目标的距离 R 无关，仅由天线方位向尺寸 D 决定。减小 D 可提高方位向分辨率，但同时使天线增益下降，从而降低雷达探测距离或降低信噪比。

如何实现孔径合成，即如何使合成孔径按顺序采集的同一点目标的回波信号同相叠加，或称为聚焦，实现方位向高分辨率，需要利用平台与目标相对运动产生的多普勒频率。

在合成孔径范围内，接收到的回波信号频率产生多普勒频移 f_d，f_d 随时间成线性变化。因此，点目标方位向回波信号可看成宽度为合成孔径时间的线性调频脉冲。与距离向信号处理相似，通过匹配滤波处理可实现脉冲压缩。

合成孔径雷达的方位向分辨率与目标的距离和波长无关，仅由天线方位向几何尺寸 D 决定，这一特性意味着 SAR 对照射区内不同位置上的目标能做到等分辨率成像，并且在理论上分辨率的精度可达到理论极限 $D/2$。实现距离向和方位向的高分辨后，SAR 系统就能更好地确定散射目标在二维空间的位置分布。

2.3 SAR 图像的几何特性

由于 SAR 是侧视成像雷达，因此会产生基于传感器和垂直于航迹方向的反射性图像。对于非光滑表面，在图像中传感器到目标距离和垂直于航迹方向目标位置之间存在固有的非线性关系，如图 2-1 所示。入射角 η 沿成像方向变化，所以由每个采样表示的地面距离是不同的。这种影响在近距离相对于远距离而言出现压缩的特性。仅对于光滑的表面，斜距位置和地面距离位置只与 $\sin\eta$ 有关系。

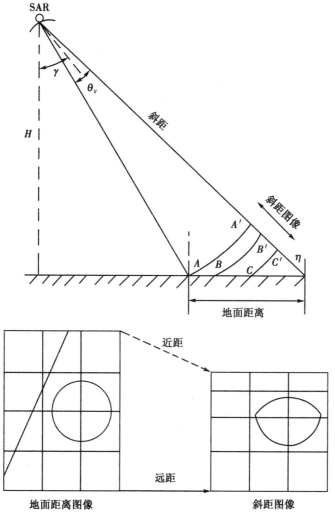

图 2-1 侧视雷达的斜距和地面距离图像之间的关系

　　由于局部地形与光滑表面有区别，在 SAR 图像中产生了相对于实际地面尺寸的附加几何失真。当局部地形倾角 α 小于入射角时，图 2-2(a)所示的这种影响被称为透视收缩现象。同理，对于 α 大于或等于入射角的陡地形，会出现叠掩效应，对于向雷达方向倾斜的地区，有效入射角变小，因此增大了垂直于航迹方向像素的间隔。而对于背向雷达方向倾斜的地面区域，存在一个较大的局部入射角，因此减小了距离像素尺寸。

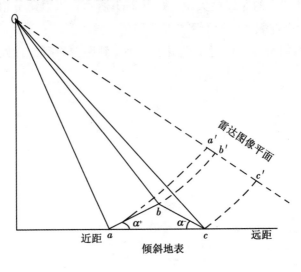

(a)透视收缩

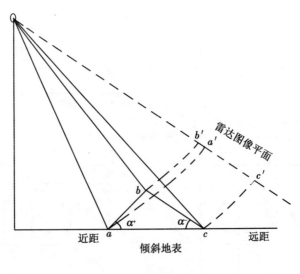

(b)叠掩

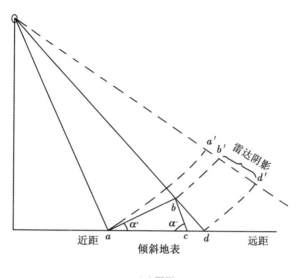

（c）阴影

图 2-2 SAR 图像几何失真

在相对的高起伏区域，如图 2-2（b）所示，在山的顶部存在的叠掩比在山底的斜距更近。在这种情况下，山的图像会严重失真，图像中出现的山峰比山底的距离位置更近。另外，来自多个目标位置的回波信号将同时到达 SAR 的接收天线，因此不能分辨由每个目标产生的反向散射能量部分。为了适当修正这种类型的几何失真，需要一些有关散射模型的假设。在理论上，如果一个特殊目标区域的作为入射几何关系的函数的后向散射系数是已知的，就能确定从每个等距离目标（在叠掩区域）的特定距离单元的相对能量贡献，并且将其分配到重采样（已校正）图像中适当垂直于航迹方向的像素上。实际上，这将是一个非常困难的过程，因为对于每个输出像素，要求对一个数字高程数据区域进行搜索，该数据高程的目标能产生同样的距离和多普勒方程。当然，现有的后向散射系数与入射角的关系模型仅仅是近似的，因此一个辐射定标图像是不能恢复的，而且明显地丢失了相位信息。

与叠掩相关的图像失真是雷达阴影［见图 2-2（c）］。当局部目标以一个大于或等于发射波形的入射角的角度向雷达倾斜时，阴影就出现了。当阴影条件出现后，阴影区域不能散射任何信号。在被修正的图像中，这些区域一般表示为信号电平等于系统热噪声能量。这样就防止了在去掉噪声的成像中，出现阴影部分的负功率表达式。

为了对具有这种类型失真的数据产品进行科学说明，必须将后向散射系数与电磁波的局部入射几何联系起来。因此，作为辅助的数据产品，局部入射角图必须和每个地形校正图一起提供。这个图和标定后的图给研究者提供了每一个分辨单元的后向散射系数和入射角。在已知这个辅助数据块的条件下，用户能够直接将目标反射率描述为成像几何的函数。另外，入射角图提供了雷达叠掩效应和阴影区域的信息，这些信息很重要，因为这些数据不能根据后向散射系数来进行校正。

在 SAR 成像平面上，点 a' 和 b' 间的距离要比实际坡面上 a 和 b 间的距离小。因此，一定面积的坡面上的能量经过成像后被压缩到一个相对较小的坡面上。因此，面向雷达的坡面要比其周围区域看上去亮得多。透视收缩的程度与坡度及当地入射角有关。透视收缩的极端情况就是叠掩。

如果目标到 SAR 方向的当地坡度角大小超过了雷达入射角，从坡面的顶部反射的信号要先于坡面底部反射信号到达传感器，在 SAR 成像面上就会出现坡的顶、底颠倒的现象，这就是叠掩。在图 2-2(b) 中，实际地形是点 a 在点 b 的左边，但成像后变成了点 b' 在点 a' 的左边。点 a 到点 b 之间的坡面的后向反射能量都集中到 SAR 影像平面的点 b' 到点 a' 间的距离上。

如果一个坡面背向雷达的照射方向，雷达信号就无法到达该坡面及其相关区域，因此在雷达影像上相应的成像区域的信号为零，表现为很暗的影像特征。图 2-2(c) 中，在斜距像平面上，b-c-d 区域为阴影区。c-d 并不符合阴影出现的几何条件，这种阴影区是由于受 b-c 真正的阴影区的影响而发生的，称为被动阴影区。b-c 称为主动阴影区。

2.4　合成孔径雷达图像特征分析

合成孔径雷达成像过程中是从回波信号中提取地表的雷达后向散射系数，所以图像反映的是被测地域对微波的散射特性。只有具有相同后向散射系数的地域，才能获得相同的图像灰度，而具有相同灰度的地域，其光学特性并不一定相同，这从光学图像和 SAR 图像的对比过程中可以看出。与光学图像相比，SAR 图像纹理比较丰富，图像轮廓比较清晰，有较好的对比度，并能呈现目标区域较多的细节信息。

SAR 主要采用侧视雷达，以有源主动方式工作，其特殊的成像方式，形成了图像的独有特征，这些特征包括辐射特征、噪声特征、目标几何特征、统计

特征和纹理特征等。SAR 图像的特征信息是 SAR 图像处理与应用的基础信息。

2.4.1　SAR 图像辐射特征

SAR 图像的分辨特性是表征 SAR 图像质量最重要的参数，它可分为空间分辨特性和辐射分辨特性，两者相对应的性能参数分别为空间分辨率和辐射分辨率。雷达图像的分辨特性在很大程度上决定了其辨识目标的能力。经辐射校准的 SAR 图像应该是目标场景微波散射特性的描述。越精确反映地物目标的微波散射特性，SAR 系统越能高质量地成像。由于 SAR 系统比传统的微波成像系统具有更高的空间分辨特性，可以通过目标的空间几何形状来判读 SAR 图像，因此往往忽略了辐射分辨特性在 SAR 系统中的作用。

由于雷达目标由许多散射体组成，散射体反映的雷达回波之间具有干涉现象，从而产生了回波功率的起伏。同时，SAR 系统的热噪声和量化噪声等误差也是产生回波功率起伏的一个因素。因此，雷达图像的基本特点是既有乘性噪声，又有加性噪声，可用统计方法对具有衰落现象的雷达回波信号进行描述。

由于 SAR 图像的辐射分辨特性是对具有衰落现象的雷达回波信号的统计描述，故需确定 SAR 回波信号强度的概率分布。雷达回波的起伏总是与雷达目标的雷达散射截面积(radar cross section，RCS)相联系的。当雷达目标的多个散射点相对于雷达视线目标姿态角变化合成时，RCS 的起伏是随机的、不规则的。

辐射分辨率反映了 SAR 地物目标微波散射特性的精度，衡量 SAR 图像能区分两个目标的微波反射率之间的最小差值，是 SAR 图像质量等级的一种量度，直接影响 SAR 图像的判读和解释能力。在工农业应用方面，如农作物长势判断、地物湿度区分以及海洋现象研究，尤其是在各种自然灾害普查中，区分目标散射特性微弱差异的能力尤为重要。

2.4.2　SAR 图像噪声特性

成像雷达获得的 SAR 图像是地物对雷达波散射特性的反映。雷达发射电磁信号照射目标时，目标的随机散射信号与发射信号之间的干涉会产生斑点噪声(speckle)，并使图像的像素灰度值剧烈变化，即在均匀的目标表面，有的像素呈亮点，有的呈暗点，这降低了图像的灰阶和空间分辨率，模糊了图像的精细结构，使图像的解释能力降低。SAR 成像时通过对目标照射和对后向散射信号相干检波来获得方位向的高分辨率，而且从一个地面单元散射回来的全部信号是地面散射中后向散射信号的相干总和。地表通常由许多随机分布的散射单元组成，这种随机性是生成斑点噪声的原因。因此，斑点是 SAR 系统相干信号处理产生的结果，而不是地表自然特性或电磁特性的空间变化的产物。

系统噪声主要受到系统的非线性，对数据采样、量化、压缩、传输和解码等数字化过程以及图像本身在成像过程中的退化等因素的影响，是直接作用在图像上的，一般可以用高斯噪声或椒盐噪声描述。对图像质量影响最大的斑点噪声与系统噪声有本质区别。

相干斑噪声使 SAR 图像不能正确反映地物目标的散射特性，严重影响图像质量，降低对图像目标的信息解译能力。当前，SAR 图像处理的一个重要途径是在相干斑噪声滤除后进行的，常用的滤波方法有低通滤波、结构滤波、自适应滤波等。无论采用何种滤波器，滤波的结果都会在一定程度上抑制斑点噪声的影响，但同时也会损失许多关键的图像信息，为 SAR 图像的进一步应用带来困难。另外，相干斑噪声的形成在一定程度上也成为 SAR 图像的一种重要纹理信息，这种纹理信息对图像的分析是有益的。

2.4.3　SAR 图像目标几何特征

目标的几何尺寸及其规模的可探测性与雷达系统的分辨率密切相关。雷达图像的分辨率和光学图像的分辨率不同，分为距离向分辨率和方位向分辨率。雷达图像的分辨率和像元大小是两个概念，雷达图像中每个像元大小通常低于分辨率。一般情况下，SAR 图像目标分为点目标、线目标和面目标。这些不同的目标在图像上具有不同的表征形式，这对于图像处理具有重要意义。

（1）点目标

SAR 图像上的点目标是指以亮点形式呈现在图像上的目标。通常这些目标的几何尺寸小于一个分辨单元的地面尺寸，但其回波信号相当强，在整个地块的回波中占据主导地位。大多数战术目标，如坦克、装甲车、大炮、舰船等，以及工业设施，如高压输电线塔、油井、孤立的小建筑等，都呈现为点目标。

（2）线目标

线目标通常表示不同类目标的界线（如水陆界线）或者当地面线性目标的横向尺寸小于分辨单元尺寸时，表示目标本身。大多数线性体目标，相对于中等分辨率的 SAR 图像而言，其宽度都比较窄，只相当于分辨单元尺寸，故称其为自身线性目标。与此相对的仅作为两类目标分界线的线性体，称为边界线性目标。

所有人工造成的线性目标，通常都比较直，很少弯曲，即使有转弯的地方，也总是钝角，如铁路、公路、桥梁、机场跑道、田坎等。自然现象造成的线目标，情况比较复杂，如自然河流的弯曲方向变化较多，而地质断裂造成的线性体则多为直线或有一定的弧度。

（3）面目标

面目标通常也称为分布目标，如一大块草地或农田，它是由许多同一类型的散射点组成的，散射点的位置是随机的，因而接收到的电磁波相位各有不同，回波初相也不一致，其回波振幅是随机的，但其中没有任何一个散射点的回波散射可以在总回波功率中占主导地位。雷达波束在扫过这些点之后，其天线所接收到的电磁波电场信号往往形成周期性的信号，造成图像上这类地物最强信号和最弱信号的周期变化，形成一系列亮点和暗点相间的图斑，也就是常说的相干斑噪声。

在 SAR 图像中，面目标的检测主要依据其均值和纹理。相干斑噪声的存在使得依靠均值来分辨面目标十分困难，只有当目标之间的对比度（均值之比）足够大时，依靠均值分辨才有可能。因为图像纹理取决于空间色调的相对变化，而不是灰度的绝对值，所以利用纹理信息提取面目标是有效的。从另一个角度看，面目标的提取实质上也是一种图像分割。因为 SAR 图像上受噪声影响的均质区，在纹理测度图像上一般对应灰度同一的区域，所以在图像分割时，引入纹理信息可以提高分割精度。

2.4.4　SAR 图像灰度统计特征

雷达图像上色调的变化，取决于目标物的后向散射截面。每一个接收到的回波被转换成电信号，并以某一特定的灰度色调记录在光学胶片上或转换成一个具有特定值、用于表示亮度的数字化像元。坡度的变化、复介电常数（含水量）和表面粗糙度是影响雷达图像色调的三个主要因素，其中，表面粗糙度在决定雷达图像的灰度（也就是回波强度）方面起着决定性的作用。准镜面反射被认为是近似垂直的，强弱趋势随着粗糙度的增加也趋于减缓。来自一个具有较小介电常数的不均匀区域的体散射回波一般来说会趋于均匀，对于不同入射角来说它产生的变化不大。一般来说，交叉极化的回波强度比同极化的回波强度要弱，因此，为交叉极化回波所设计的接收带宽往往要高，以补偿被削弱的回波信号。所以，在比较一个同极化图像和一个交叉极化图像时，应当观测同一个目标物灰度之间的反差，而不是单纯地比较两个图像之间的绝对灰度值。

2.4.5 SAR 图像纹理特征

纹理指的是图像某一个区域的粗糙度或者称为一致性，它和表面粗糙度有关。纹理不是一个精确的、定量的目标特征，它通常使用的术语为粗的、中等的、细的、粒状的、橘皮状的、光滑的或粗糙的等。一个图像的纹理随着雷达系统的波长、分辨率和入射角而变化，也会随着它的组成成分和背景特征的排列状态而变化。

雷达图像的纹理可分为三种：细微、中等和宏观纹理。细微纹理是以分辨率单元为尺度表示的空间色调变化，它由雷达图像固有的斑点特性决定，因此，它与分辨单元的大小和分辨单元内的独立样本数的多少有关。由于这是一种固有的纹理特征，一般不能根据它来识别面目标的类型。中等纹理实际上是细微纹理的包络，它是由同一目标的若干分辨单元空间排列的不均匀性和不同目标的细微纹理占有多个分辨单元而形成的，即以多个分辨单元为尺度来表示的空间色调变化。中等纹理是用来辨别面目标的重要信息之一。宏观纹理实际上就是地形结构特征，它是由于雷达回波随地形结构特征的变化从而改变雷达波束与目标之间的几何关系和入射角形成的，这种纹理是地质和地貌解译的重要因素。

由于图像纹理取决于空间色调的相对变化，而不是灰度的绝对值，因此它较少地受到图像未校准的影响，同一地区的两幅图像间的纹理的外观基本不变。纹理分析常常作为图像信息提取方法应用于图像处理。图像局部区域的纹理特征是目标分类的主要依据之一，如 SAR 图像中不同植被之间的区别，往往不在于灰度大小，而在于它们的纹理差别。因此，对这样一类图像，如何定义和计算局部区域纹理特征，在目标分类研究中是非常重要的。

纹理特征可以分为空域和频域两种。在空域里，包括方向差分及其统计量、灰度共现矩阵及其统计量；在频域中，主要有功率谱等度量特征。

2.5 传感器对地空间几何关系及数学模型

在介绍空间多源遥感图像进行预处理技术之前，先了解传感器对地空间几何关系，介绍卫星轨道知识，并对相关坐标系进行介绍，作为遥感图像预处理特别是几何校正的研究基础。

2.5.1 开普勒轨道特性

在卫星轨道的分析问题中，常常假定卫星在地球中心引力场中运动，忽略其他各种摄动力的因素[20]。这种轨道称为二体轨道，二体轨道代表卫星轨道运动的最主要特性。早在 17 世纪初，通过对行星运动的精确观测和数据分析，开普勒就总结出了行星运动的三大定律，而二体运动方程的解与此三大定律完全吻合，因此，二体轨道又称为开普勒轨道。本节主要给出描述二体轨道的一些特性，其空间几何关系如图 2-3 所示。

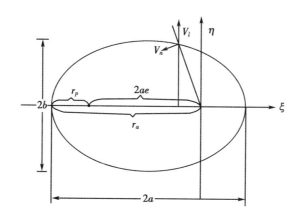

图 2-3 椭圆轨道示意图

卫星椭圆轨道方程为

$$r = \frac{p}{1 + e\cos\theta} \tag{2-1}$$

式中, e ——偏心率;

p ——半正焦距;

θ ——真近心角。

偏心率 e 和半正焦距 p 为:

$$e = \sqrt{\frac{2EH^2}{\mu^2} + 1} \tag{2-2}$$

$$p = \frac{H^2}{\mu} \tag{2-3}$$

式(2-2)和式(2-3)中, E , H 是质点在平方反比力场中运动的两个运动常数。 E 为运动质点每单位质量的能量(动能、势能之和), H 是质点每单位质量的能量大小，μ 为引力场的引力常数。

对于椭圆轨道的一般特性，则有：

近心距

$$r_p = \frac{p}{1+e} \qquad (2-4)$$

远心距

$$r_a = \frac{p}{1-e} \qquad (2-5)$$

半长轴

$$a = \frac{1}{2}(r_p + r_a) = \frac{p}{1-e^2} \qquad (2-6)$$

焦点间距

$$2f = 2(a - r_p) = \frac{2pe}{1-e^2} = 2ae \qquad (2-7)$$

半短轴

$$b = \sqrt{a^2 - f^2} = a\sqrt{1-e^2} \qquad (2-8)$$

轨道周期

$$T = 2\pi\sqrt{\frac{a^3}{\mu}} \qquad (2-9)$$

惠特克 L 定理：质点在椭圆轨道上的运动速度 V 可以分解成垂直于长轴的 V_l 和正交于矢径的 V_n，这两个分量的大小在运动中是常数，且

$$V_l = \frac{\mu e}{H} \qquad (2-10)$$

$$V_n = \frac{\mu}{H} \qquad (2-11)$$

接下来描述椭圆轨道上卫星位置与时间的关系。

椭圆轨道上卫星位置与时间的关系在引入偏近心角 E 的基础上由开普勒方程描述。

偏近心角：在椭圆外作一个辅助圆就可以确定偏近心角 E，如图 2-4 所示。偏近心角可以由开普勒方程求出。真近心角 θ 和偏近心角 E 的关系为：

$$\tan\frac{\theta}{2} = \sqrt{\frac{1+e}{1-e}}\tan\frac{E}{2} \qquad (2-12)$$

$$E - e\sin E = \sqrt{\frac{\mu}{a^3}}(t - \tau) \qquad (2-13)$$

其中，τ——运动质点经过椭圆轨道近心点的时刻。

式（2-12）和式（2-13）建立起了真近心角 θ 和时间 t 的关系。

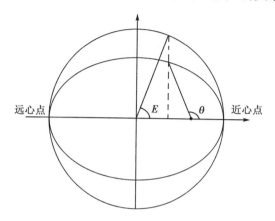

图 2-4 真近心角 θ 和偏近心角 E 的关系

定义平均角运动速率 n 及平均近心角 M，则平均角速率 n 为

$$n = \sqrt{\frac{\mu}{a^3}} \qquad (2-14)$$

平均近心角 M 表示为

$$M = n(t - \tau) \qquad (2-15)$$

开普勒方程可表示为

$$E - e\sin E = M \qquad (2-16)$$

上述开普勒方程不可能解出位置随时间变化的显函数关系。由于 r，θ，E 都是 M 的周期性函数，可将这些变量展成傅里叶级数，简化解析计算。

偏近心角 E 和平均近心角 M 的级数关系为

$$E = M + e\left(1 - \frac{1}{8}e^2 + \frac{1}{192}e^4\right)\sin M + e^2\left(\frac{1}{2} - \frac{1}{6}e^2\right)\sin 2M +$$

$$e^3\left(\frac{3}{8} - \frac{27}{128}e^2\right)\sin 3M + \frac{1}{3}e^4\sin 4M + \frac{125}{384}e^5\sin 5M \qquad (2-17)$$

中心差（$\theta - M$）和平均近心角 M 的级数关系为

$$\theta - M = e\left(2 - \frac{1}{4}e^2 + \frac{5}{96}e^4\right)\sin M + e^2\left(\frac{5}{4} - \frac{11}{24}e^2\right)\sin 2M +$$

27

$$e^3\left(\frac{13}{12}-\frac{43}{64}e^2\right)\sin 3M+\frac{103}{96}e^4\sin 4M+\frac{1097}{960}e^5\sin 5M \quad (2-18)$$

r 和 M 的级数关系为

$$\frac{r}{a}=1+\frac{1}{2}e^2-e\left(1-\frac{3}{8}e^2+\frac{5}{192}e^4\right)\cos M-e^2\left(\frac{1}{2}-\frac{1}{3}e^2\right)\cos 2M-$$

$$e^3\left(\frac{3}{8}-\frac{45}{128}e^2\right)\cos 3M-\frac{1}{3}e^4\cos 4M-\frac{125}{384}e^5\cos 5M \quad (2-19)$$

在上述 3 个级数展开式中，忽略了 e^6 以上的高次项，可以证明：当偏心率 $e<0.6627$ 时，这 3 个级数对所有的 M 都是收敛的。

卫星在空间的位置可根据 6 个轨道要素（a，e，i，Ω，ω，τ）来确定，轨道六要素分别是：

a：轨道半长轴；

e：偏心率矢量；

i：轨道倾角；

Ω：升交点赤经；

ω：近地点角距；

τ：过近地点时刻。

各要素在惯性坐标系中的几何意义如图 2-5 所示。

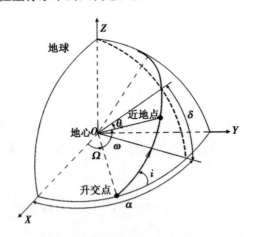

图 2-5　在惯性坐标系中轨道平面的方位

选择不转动的地心赤道参考系作为所讨论的椭圆轨道的参考系，XY 平面是地球平均赤道平面。

交点线：轨道平面与 XY 平面的相交线；

升、降交点：交点线与轨道两交点中 Z 坐标由负变正的交点 (A, N) 定义为升交点(ascending point)，而另一个交点 (D, N) 定义为降交点(descending point)；

轨道倾角 i：XY 平面与轨道平面之间的夹角 i（ i 定义在 0°~180°），轨道倾角 i 是 Z 轴与轨道平面的最小的夹角，小于 90° 的轨道倾角对应着向东运动(叫作顺行)，而大于 90° 的轨道倾角对应着向西运动(叫作逆行)；

升交点赤经 Ω：XY 平面上过升交点的矢径与 X 轴的夹角 Ω 就是升交点赤经，从春分点 γ 向东测量的升交点赤经为正；

近地点角距 ω：交点线与近地点矢径之间的夹角；

轨道半长轴 a：轨道高度与地球平均半径之和；

偏心率矢量 e：从地心指向近地点，长度等于 e；

过近地点时刻 τ：卫星经过近地点的时刻，对应的真近地角为 0°。

下面描述椭圆轨道要素同位置、速度及加速度的关系。

在建立不转动的地心坐标系 XYZ 的基础上，选择一个右手直角坐标系 ξηζ，其原点与地心参考系 XYZ 的原点重合，ξη 平面与轨道平面重合，ξ 轴的正向指向近地点，ζ 轴与角动量方向重合，η 轴使该坐标轴成为右手直角坐标系。在参考系 ξηζ 中，椭圆轨道上的某一点的坐标可表示为

$$\left.\begin{array}{l} \xi = r \cdot \cos\theta \\ \eta = r \cdot \sin\theta \\ \zeta = 0 \end{array}\right\} \qquad (2\text{-}20)$$

在 t 时刻，卫星的位置、速度和加速度同轨道要素的关系如下：

① 由开普勒方程得到 t 时刻的偏心角 E

$$E - e\sin E = \sqrt{\frac{\mu}{a^3}}(t - \tau) \qquad (2\text{-}21)$$

② 由 E 和 θ 的关系得到 t 时刻的真近心角 θ

$$\tan\frac{\theta}{2} = \sqrt{\frac{1+\theta}{1-\theta}}\tan\frac{E}{2} \qquad (2\text{-}22)$$

③ t 时刻卫星在 ξηζ 坐标系中的坐标

$$\left.\begin{array}{l} \xi = r \cdot \cos\theta \\ \eta = r \cdot \sin\theta \\ \zeta = 0 \end{array}\right\} \qquad (2\text{-}23)$$

④ t 时刻卫星的位置、速度、加速度。

根据开普勒方程，可导出 t 时刻卫星在地心参考系中的位置坐标 (x, y, z) 为

$$\begin{bmatrix} x \\ y \\ z \end{bmatrix} = A \cdot \begin{bmatrix} r\cos\theta \\ r\sin\theta \\ 0 \end{bmatrix} = \begin{bmatrix} l_1 & l_2 & l_3 \\ m_1 & m_2 & m_3 \\ n_1 & n_2 & n_3 \end{bmatrix} \cdot \begin{bmatrix} r\cos\theta \\ r\sin\theta \\ 0 \end{bmatrix} \qquad (2-24)$$

其中：

$$r = \frac{a(1 - e^2)}{1 + e\cos\theta} \qquad (2-25)$$

$$\theta = M + e\left(2 - \frac{1}{4}e^2 + \frac{5}{96}e^4\right)\sin M + e^2\left(\frac{5}{4} - \frac{11}{24}e^2\right)\sin 2M +$$

$$e^3\left(\frac{13}{12} - \frac{43}{64}e^2\right)\sin 3M + \frac{103}{96}e^4\sin 4M + \frac{1097}{960}e^5\sin 5M \qquad (2-26)$$

$A =$

$$\begin{bmatrix} \cos\omega \cdot \cos\Omega - \sin\omega \cdot \sin\Omega \cdot \cos i & -\sin\omega \cdot \cos\Omega - \cos\omega \cdot \cos\Omega \cdot \cos i & \sin\Omega \cdot \sin i \\ \cos\omega \cdot \sin\Omega + \sin\omega \cdot \cos\Omega \cdot \cos i & -\sin\omega \cdot \sin\Omega + \cos\omega \cdot \cos\Omega \cdot \cos i & -\cos\Omega \cdot \sin i \\ \sin\omega \cdot \sin i & \cos\omega \cdot \sin i & \cos i \end{bmatrix}$$

$$(2-27)$$

t 时刻卫星的位置，即在地心参考系中的坐标 (x, y, z) 为

$$\left. \begin{aligned} x &= l_1\xi + l_2\eta \\ y &= m_1\xi + m_2\eta \\ z &= n_1\xi + n_2\eta \end{aligned} \right\} \qquad (2-28)$$

t 时刻卫星的速度 $(V_x, V_y, V_z) = \left(\dfrac{\mathrm{d}x}{\mathrm{d}t}, \dfrac{\mathrm{d}y}{\mathrm{d}t}, \dfrac{\mathrm{d}z}{\mathrm{d}t}\right)$ 为

$$\left. \begin{aligned} \frac{\mathrm{d}x}{\mathrm{d}t} &= \frac{\mu}{H}[-l_1\sin\theta + l_2(e + \cos\theta)] = \sqrt{\frac{\mu}{p}}[-l_1\sin\theta + l_2(e + \cos\theta)] \\ \frac{\mathrm{d}y}{\mathrm{d}t} &= \frac{\mu}{H}[-m_1\sin\theta + m_2(e + \cos\theta)] = \sqrt{\frac{\mu}{p}}[-m_1\sin\theta + m_2(e + \cos\theta)] \\ \frac{\mathrm{d}z}{\mathrm{d}t} &= \frac{\mu}{H}[-n_1\sin\theta + n_2(e + \cos\theta)] = \sqrt{\frac{\mu}{p}}[-n_1\sin\theta + n_2(e + \cos\theta)] \end{aligned} \right\}$$

$$(2-29)$$

t 时刻卫星的加速度 $(A_x, \quad A_y, \quad A_z) = \left(\dfrac{\mathrm{d}^2x}{\mathrm{d}t^2}, \quad \dfrac{\mathrm{d}^2y}{\mathrm{d}t^2}, \quad \dfrac{\mathrm{d}^2z}{\mathrm{d}t^2}\right)$ 为

$$\left.\begin{aligned}\frac{\mathrm{d}^2 x}{\mathrm{d}t^2} &= \frac{\mu^3}{H^4}(1+e\cos\theta)^2(-l_1\cos\theta-l_2\sin\theta) = \frac{\mu}{p^2}(1+e\cos\theta)^2(-l_1\cos\theta-l_2\sin\theta)\\ \frac{\mathrm{d}^2 y}{\mathrm{d}t^2} &= \frac{\mu^3}{H^4}(1+e\cos\theta)^2(-m_1\cos\theta-m_2\sin\theta) = \frac{\mu}{p^2}(1+e\cos\theta)^2(-m_1\cos\theta-m_2\sin\theta)\\ \frac{\mathrm{d}^2 z}{\mathrm{d}t^2} &= \frac{\mu^3}{H^4}(1+e\cos\theta)^2(-n_1\cos\theta-n_2\sin\theta) = \frac{\mu}{p^2}(1+e\cos\theta)^2(-n_1\cos\theta-n_2\sin\theta)\end{aligned}\right\}$$

$$(2\text{-}30)$$

2.5.2 星-地空间几何坐标转换

（1）传感器坐标系 E_s

光学传感器的光学中心线作为传感器坐标系 E_s 的 z 轴，指向地球方向为正。y 轴在 CCD 线阵和光学中心线（即 z 轴）所确定的平面，并垂直于 z 轴。x 轴与 y，z 轴构成右手坐标系。

SAR 传感器的天线波束中心指向定义为 SAR 传感器坐标系的 y 轴，x 轴同光学传感器，z 轴与 x，y 轴构成右手坐标系。

综上所示，设任意传感器绕 x 轴逆时针旋转 θ_L 角度就得到卫星星体坐标系。那么，光学传感器绕 x 轴逆时针旋转的角度 $\theta_L = 90°$，而 SAR 传感器绕 x 轴逆时针旋转的角度 θ_L 就是一个波束中心角。

（2）卫星星体坐标系 E_e

卫星星体坐标系 E_e 的 y 轴指向地心为正，z 轴垂直于轨道平面，正方向为卫星运动的角动量方向，x 轴与 y，z 轴构成右手坐标系。将传感器坐标系绕 x 轴逆时针旋转 θ_L 角度，就得到了传感器坐标系到卫星星体坐标系的转换矩阵 A_{es}：

$$A_{es} = \begin{bmatrix} 1 & 0 & 0 \\ 0 & \cos\theta_L & \sin\theta_L \\ 0 & -\sin\theta_L & \cos\theta_L \end{bmatrix} \qquad (2\text{-}31)$$

（3）卫星平台坐标系 E_r

卫星星体坐标系 E_e 经三次旋转得到卫星平台坐标系 E_r：偏航角 θ_y，俯仰角 θ_p，滚转角 θ_r。

第一次，将卫星星体坐标系 E_e 绕 x 轴顺时针旋转一个角度 θ_r；第二次，将得到的坐标系绕 z 轴顺时针旋转一个角度 θ_p；第三次，再将所得的坐标系绕 y 轴逆时针旋转一个角度 θ_y，最后得到卫星平台坐标系 E_r。

$$A_{re} = \begin{bmatrix} \cos\theta_y & 0 & -\sin\theta_y \\ 0 & 1 & 0 \\ \sin\theta_y & 0 & \cos\theta_y \end{bmatrix} \begin{bmatrix} \cos\theta_p & -\sin\theta_p & 0 \\ \sin\theta_p & \cos\theta_p & 0 \\ 0 & 0 & 1 \end{bmatrix} \begin{bmatrix} 1 & 0 & 0 \\ 0 & \cos\theta_r & -\sin\theta_r \\ 0 & \sin\theta_r & \cos\theta_r \end{bmatrix}$$

$$(2-32)$$

（4）轨道平面坐标系 E_v

卫星平台坐标系绕 z 轴逆时针旋转一个角度 $270° - (\theta - \gamma)$ 得到卫星轨道平面坐标系 E_v。θ 是卫星的真近心角，γ 是卫星的航迹角。

$$\tan\gamma = \frac{e\sin\theta}{1 + e\cos\theta}, \ |\gamma| \leq 90° \qquad (2-33)$$

$$A_{vr} = \begin{bmatrix} -\sin(\theta - \gamma) & -\cos(\theta - \gamma) & 0 \\ \cos(\theta - \gamma) & -\sin(\theta - \gamma) & 0 \\ 0 & 0 & 1 \end{bmatrix} \qquad (2-34)$$

（5）地惯系 E_0

轨道平面坐标系 E_v 经三次旋转得到地惯系 E_0：轨道倾角 i，近心点角距 ω，升交点赤经 Ω。

第一次，将轨道平面坐标系 E_v 绕 z 轴顺时针旋转一个角度 ω；第二次，将得到的坐标系绕 x 轴顺时针旋转一个角度 i；第三次，再将所得的坐标系绕 z 轴顺时针旋转一个角度 Ω，最后得到地惯系 E_0。

$$A_{ov} = \begin{bmatrix} \cos\Omega & -\sin\Omega & 0 \\ \sin\Omega & \cos\Omega & 0 \\ 0 & 0 & 1 \end{bmatrix} \begin{bmatrix} 1 & 0 & 0 \\ 0 & \cos i & -\sin i \\ 0 & \sin i & \cos i \end{bmatrix} \begin{bmatrix} \cos\omega & -\sin\omega & 0 \\ \sin\omega & \cos\omega & 0 \\ 0 & 0 & 1 \end{bmatrix}$$

$$(2-35)$$

（6）地固系 E_g

地惯系 E_0 绕 z 轴逆时针转过一个春分点的格林威治时角 H_G 就得到地固系 E_g，$H_G = \omega_e(t - t_0)$，且

$$A_{go} = \begin{bmatrix} \cos H_G & \sin H_G & 0 \\ -\sin H_G & \cos H_G & 0 \\ 0 & 0 & 1 \end{bmatrix} \qquad (2-36)$$

在地固系下，设地面上目标点的坐标为 (X, Y, Z)，则地面上目标点的坐标满足地球椭球模型：

$$\frac{X^2 + Y^2}{R_e^2} + \frac{Z^2}{R_p^2} = 1 \qquad (2-37)$$

式中，R_e ——地球半长轴；

　　R_p ——地球半短轴，$R_p = (1-f)R_e$；

　　f ——椭球扁率因子。

（7）球面经纬度到地面场景平面坐标系的转换

以场景中心作为原点建立地面场景平面坐标系，该坐标系与过场景中心 (Λ_0, Φ_0) 的当地水平面重合，且 x 轴沿南北方向，指北为正；y 轴沿东西方向，指东为正。

设图像上某一像素点的经纬度为 (Λ_t, Φ_t)，则在场景平面坐标系下的坐标可以通过下式求得：

$$\left. \begin{array}{l} x_t = \dfrac{(\Phi_t - \Phi_0)R_eR_p}{\sqrt{R_p^2\cos^2\Phi_0 + R_e^2\sin^2\Phi_0}} \\[4mm] y_t = \dfrac{(\Lambda_t - \Lambda_0)R_eR_p\cos\Phi_0}{\sqrt{R_p^2\cos^2\Phi_0 + R_e^2\sin^2\Phi_0}} \end{array} \right\} \qquad (2-38)$$

2.6　本章小结

本章作为 SAR 图像处理技术的基础，介绍了合成孔径雷达原理、SAR 图像的特性传感器对地空间几何关系以及卫星轨道知识，并对相关坐标系进行了介绍。有了本章对 SAR 传感器对地空间几何关系及数学模型的基础，将为下一章研究 SAR 图像预处理的几何校正做好铺垫。

3 SAR 图像几何定位及校正

SAR 是一种全天时、全天候的微波成像雷达，具有良好的分辨率，不仅可以详细、较准确地观测地形、地貌，获取地球表面的信息，还可以透过一定地表和自然植被收集其下的信息。合成孔径雷达已经成为对地观测的一种有效手段。由于侧视成像的特点，地形起伏导致 SAR 影像存在较大几何畸变，存在着透视收缩、叠掩、阴影等特有现象，从而限制了其应用范围。如果需要从 SAR 影像提取空间位置信息，或进行多时相、多源信息的综合分析，必须对其进行高精度几何校正。

本章主要介绍 SAR 图像的几何定位及校正方法与实现。

3.1 引 言

"几何校正"是一般意义上的概念，它可能是指只对像元进行地理参考定位而不对地形引起的几何畸变进行校正的方法，也可能是指既对影像像元进行精确的地理定位又对地形引起的几何畸变进行校正的方法。前者通常指地理参考编码，后者是正射校正处理要达到的目的。对 SAR 影像进行正射校正可以达到生产几何精校正产品的目的，在这个意义上，"正射校正"和"几何精校正"的含义是等价的。SAR 影像和其他成像传感器获得的影像一样是地表的影像，一旦去除了几何误差，就可以当作一个具有相对较高空间分辨率的"地图"使用。然而相当困难的是如何确定影像每一个像元的大地坐标。最为简单的地理定位（geo-location）方法是控制点法，即采用传统的方法在遥感影像上和其他地图相对比，寻找一些已知的地理特征点作为控制点进行简单的多项式几何校正。这种方法只能对已经存在地图的区域有效，那些无法获取控制点的偏远地区无法采用这种方法。

对于遥感图像几何校正，其步骤为：准备工作、输入原始数字影像、建立校正变换函数、确定输出影像范围、像元几何位置变换、像元的灰度重采样。

其中，建立校正变换函数是几何校正研究的重点。多项式校正法是实践中常用的遥感图像几何校正方法，它的原理比较直观，且计算简单。共线方程校正法又称为数字微分法，也常用来进行几何校正，它是对成像空间几何形态的严格描述，从理论上来说，它比多项式校正更严密，也用于光学图像几何校正。SAR 图像几何校正示意图如图 3-1 所示。

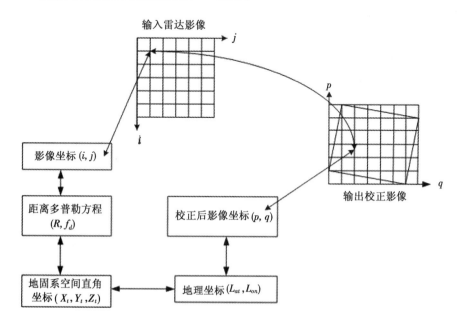

输入雷达影像

输出校正影像

图 3-1　SAR 图像几何校正过程示意图

随着星载 SAR 测量技术的提高，特别是轨道测量精度的提高，SAR 目标定位精度已达到米级甚至优于 1m。例如德国 TerraSAR-X 卫星轨道测量精度为 3cm，由此带来的定位误差小于 10m，在特定工作模式下定位误差甚至达到亚米级别。欧空局（ESA）于 2014 年和 2016 年相继发射的 Sentine1-1A/B，其 L0 级 SLC 产品绝对定位精度在 SM 模式下可达 2.5m，在 IW 模式下为 7m。我国于 2016 年 8 月成功发射并于 2017 年 1 月正式交付使用的高分三号（GF-3）卫星，是我国首颗分辨率达到 1m 的 C 频段多极化 SAR 成像卫星，其系统定位精度可以达到 3m；通过修正对流层模型减少大气延迟对定位的影响，定位精度可提高数分米，为得到更精确的几何定位结果，还有很多工作急需进一步研究。

3.2 SAR 图像定位模型

对于合成孔径雷达，国外在其几何校正方面已有大量研究与应用，国内学者在此基础上也展开了一些研究，但还远远不够，还有待进一步的深入研究。最简单的地理定位方法是控制点法，然而该方法没有考虑星载 SAR 的空间几何关系及成像原理，导致结果存在较大的校正误差，且对于那些无法获取控制点的偏远地区无法采用这种方法[5, 7]。目前由于获取时间不同以及地理动态误差因素如大气延迟的影响，当其他定位方法精度无法满足需求时，基于控制点的技术在实际应用中仍然会被用来进行进一步修正[6, 21]。针对无地面控制点或控制点稀少情况的 SAR 图像定位问题，国内外学者提出利用轨道参数计算成像时刻天线相位中心位置、姿态矢量的方法[22]。另外，考虑距离和零多普勒条件的 F.Leberl 模型也是早期的 SAR 几何校正技术[23]，该方法部分考虑 SAR 信号成像原理，主要用于机载 SAR 的影像校正处理。王冬红等人对 F.Leberl 模型进行了改进，用于星载 SAR 影像几何校正[24]。20 世纪 80 年代，Curlander 提出了距离多普勒(RD)定位处理方法[3]，在无地面控制情况下可以利用 SAR 成像时提供的辅助数据文件，通过联立地球模型方程和距离-多普勒构像方程，为实现高精度的 SAR 图像几何校正处理提供了支撑。除上述模型外，学者们还研究了 SAR 图像的有理多项式(RPC)模型、改进的多项式(PM)模型、高程演变(EDM)模型、距离共面(RC)模型等[25]。

2017 年，Hong Seunghwan 等人[26]通过误差源仿真将 SAR 图像几何校正模型分为基于轨道和基于时间补偿两大类，并指出对于存在较大轨道误差的 SAR 卫星，如 Radarsat-1，采用基于卫星轨道参数的几何校正模型具有较好的定位性能；而对于具有高精度轨道和传感器信息的 SAR 卫星，如 TerraSAR-X，两种模型具有相似的定位精度。2016 年，Jiang Weihao[25]对星载 SAR 几何校正模型进行了比较和分析，指出 RD 模型具有最佳的定位精度，但是目前对模型解算的效率较低，不适用于实时处理，限制了其应用；RPC 模型对平地具有较好的几何校正精度和效率；PM 模型具有优秀的定位效率，但定位精度不足；EDM 模型适用于山区 SAR 图像校正，其本质仍是基于 RD 模型的。总体而言，由于 RD 模型考虑了 SAR 信号的成像原理，其定位过程不受平台姿态的影响，具有优秀的定位精度。

RD 模型考虑了 SAR 成像机制,由于其定位优越性,成为目前星载 SAR 影像几何校正最常用的模型。目前,对 RD 定位模型的研究主要集中在:模型参数的获取及优化、坐标变换、模型的解算、几何定位误差分析。在 RD 模型定位误差分析方面,影响定位精度的因素主要可分为两类:由各种测量误差(如轨道测量误差和大气延迟误差等)带来的定位误差;对 RD 模型解算过程中由于近似计算带来的定位误差。在模型解算方面,若将地球视为具有本地半径的圆球体处理,定位处理过程中能得到目标位置信息的解析解,然而实际情况是,地球是具有地形起伏的椭球体,要对目标进行精确定位,必须采用 RD 模型并结合地球椭球模型进行求解。还有一些对 RD 模型进行近似假设的快速定位方法,牺牲定位精度换取解算效率。张永红等人研究了以时间参数为自变量,迭代解算距离-多普勒方程对 SAR 影像进行几何校正[27]。刘佳音等人也对 RD 模型解算过程进行了研究,并给出了逆斜距-多普勒方程组的求解方法[28]。张波等人将 RD 构像方程中的星地距离矢量作为变元进行泰勒级数展开导出误差方程,然后利用最小二乘平差原理迭代求解目标点的位置信息[29]。

RD 定位模型综合距离方程、多普勒方程和地球椭球方程,通过求解方程组来完成 SAR 图像的定位处理,该处理方法涉及非线性方程组的求解,很难求得方程组的显示解。在求解该非线性问题的道路上,仍然有大量的工作要做。目前大多星载 SAR 几何校正处理研究采用牛顿迭代法来求解该方程组,例如以时间参数为自变量,迭代解算距离-多普勒方程对 SAR 图像进行几何校正;对解算过程进行研究,将 RD 模型简化整理成一元四次方程,并利用一元四次方程的求根方法求解;将 RD 方程中的星地距离矢量作为变元进行泰勒级数展开导出误差方程,然后利用最小二乘平差原理迭代求解目标点的位置信息。可见,对 RD 非线性模型解算仍是制约其应用的关键问题。

然而与光学遥感设备正射观测不同,SAR 系统采用侧视成像模式,所获取的雷达图像为地面场景向斜距平面内的投影,其结果导致在雷达图像中存在比光学图像更大的几何形变[2-4]。与此同时,由于地面场景存在高程起伏,进一步使得 SAR 图像中存在迭掩、阴影、顶底倒置等现象,影响雷达图像的判读,大大限制了 SAR 图像在各个领域中的应用。

本章在 RD 模型的基础上开发了适用于星载 SAR 图像几何校正的新算法。另外,利用融合的思想,通过协同探测进行了提高目标定位精度的研究。

3.3 距离多普勒(RD)理论简介

SAR 定位模型是几何校正的基础,Curlander 发展的距离多普勒(RD)定位模型不仅采用了严密的距离方程和多普勒方程,而且是建立在地球椭球模型之上的,该模型已经成为目前所有成功发射卫星 SAR 的标准定位模型[30]。

设地面目标 T 在不转动坐标系中的位置向量记为 $\boldsymbol{R}_t = (x_t, y_t, z_t)^T$。由于地球自转,目标在不转动坐标系中的速度向量为 $\boldsymbol{V}_t = \tilde{\boldsymbol{\omega}}_e \times \boldsymbol{R}_t = [-\omega_e y_t \quad \omega_e x_t \quad 0]^T$,其中,$\omega_e$ 是地球自转速度常量。传感器在不转动坐标系中的位置向量记为 $\boldsymbol{R}_s = (x_s, y_s, z_s)^T$,其速度记为 $\boldsymbol{V}_s$。记 R 为传感器与地面目标之间的斜距,则距离方程由下式得出:

$$R = |\boldsymbol{R}_s - \boldsymbol{R}_t| = \sqrt{(x_s - x_t)^2 + (y_s - y_t)^2 + (z_s - z_t)^2} \qquad (3-1)$$

由于传感器与目标之间存在相对运动,将产生多普勒效应,多普勒频率方程为

$$f_d = -\frac{2}{\lambda R}(\boldsymbol{R}_s - \boldsymbol{R}_t)(\boldsymbol{V}_s - \boldsymbol{V}_t) \qquad (3-2)$$

式中,f_d ——多普勒中心频率;

λ ——雷达波长。

在式(2-37)中,忽略了目标高程,若考虑目标在 SAR 影像平面中对应位置的高程 H_t,再联立以下地球椭球模型方程,可以求解目标在不转动坐标系中的位置:

$$\frac{x_t^2 + y_t^2}{(R_e + H_t)^2} + \frac{z_t^2}{(1-f)(R_e + H_t)^2} = 1 \qquad (3-3)$$

可以定义 $R_e' = R_e + H_t$ 及 $R_p' = (1-f)R_e'$。

3.4 基于 RD 模型的定位算法精度分析

影响 SAR 图像几何定位的因素有以下几类:

① 斜距测量误差;

② 平台位置测量误差;

③ 平台速度测量误差；

④ 几何定位选择的理想的地球椭球模型引起的误差。

下面分别分析上述参数对几何校正精度的影响。根据式(3-1)~式(3-3)，方程对各误差因素求偏导，则可得到各误差源对定位精度的影响。

（1）斜距 R 测量误差对定位精度的影响

假设斜距测量误差为 σ_R，由斜距测量误差引起的定位误差用 $\boldsymbol{\sigma}_{R_t}^R$ 表示，则有：

$$
\left.
\begin{array}{l}
(x_s - x_t)^2 + (y_s - y_t)^2 + (z_s - z_t)^2 = R^2 \\
(\omega_e y_s + v_{xs})x_t - (\omega_e x_s - v_{ys})y_t + v_{zs}z_t = (v_{xs}x_s + v_{ys}y_s + v_{zs}z_s) + \lambda R f_d/2 \\
x_t^2 + y_t^2 + z_t^2 R_e'^2/R_p'^2 = R_e'^2
\end{array}
\right\}
$$

$$(3-4)$$

$$
\boldsymbol{\sigma}_{R_t}^R =
\begin{bmatrix}
\dfrac{\partial x_t}{\partial R}\sigma_R \\[2mm]
\dfrac{\partial y_t}{\partial R}\sigma_R \\[2mm]
\dfrac{\partial z_t}{\partial R}\sigma_R
\end{bmatrix}
= \boldsymbol{A}^{-1}
\begin{bmatrix}
-R \\
\lambda f_d/2 \\
0
\end{bmatrix}
\sigma_R
$$

$$(3-5)$$

其中

$$
\boldsymbol{A} =
\begin{bmatrix}
x_s - x_t & y_s - y_t & z_s - z_t \\
\omega_e y_s + v_{xs} & -(\omega_e x_s - v_{ys}) & v_{zs} \\
x_t & y_t & z_t E_a^2/E_b^2
\end{bmatrix}
$$

（2）平台位置测量误差对定位精度的影响

假设平台位置测量误差为 σ_{xs}，σ_{ys} 和 σ_{zs}，用 $\boldsymbol{\sigma}_{R_t}^{R_s}$ 表示由平台位置测量误差引起的定位误差，则有

$$
\boldsymbol{\sigma}_{R_t}^{R_s} =
\begin{bmatrix}
\dfrac{\partial x_t}{\partial x_s}\sigma_{xs} & \dfrac{\partial x_t}{\partial y_s}\sigma_{ys} & \dfrac{\partial x_t}{\partial z_s}\sigma_{zs} \\[2mm]
\dfrac{\partial y_t}{\partial x_s}\sigma_{xs} & \dfrac{\partial y_t}{\partial y_s}\sigma_{ys} & \dfrac{\partial y_t}{\partial z_s}\sigma_{zs} \\[2mm]
\dfrac{\partial z_t}{\partial x_s}\sigma_{xs} & \dfrac{\partial z_t}{\partial y_s}\sigma_{ys} & \dfrac{\partial z_t}{\partial z_s}\sigma_{zs}
\end{bmatrix}
= \boldsymbol{A}^{-1}
\begin{bmatrix}
(x_s - x_t)\sigma_{xs} & (y_s - y_t)\sigma_{ys} & (z_s - z_t)\sigma_{zs} \\
v_{xs}\sigma_{xs} & v_{ys}\sigma_{ys} & v_{zs}\sigma_{zs} \\
0 & 0 & 0
\end{bmatrix}
$$

$$(3-6)$$

(3)平台速度测量误差对定位精度的影响

假设平台速度测量误差为 $\sigma_{v_{xs}}$，$\sigma_{v_{ys}}$ 和 $\sigma_{v_{zs}}$，用 $\boldsymbol{\sigma}_{R_t}^{V_s}$ 表示由平台速度测量误差引起的定位误差，则有

$$\boldsymbol{\sigma}_{R_t}^{V_s} = \begin{bmatrix} \dfrac{\partial x_t}{\partial v_{xs}}\sigma_{v_{xs}} & \dfrac{\partial x_t}{\partial v_{ys}}\sigma_{v_{ys}} & \dfrac{\partial x_t}{\partial v_{zs}}\sigma_{v_{zs}} \\[2mm] \dfrac{\partial y_t}{\partial v_{xs}}\sigma_{v_{xs}} & \dfrac{\partial y_t}{\partial v_{ys}}\sigma_{v_{ys}} & \dfrac{\partial y_t}{\partial v_{zs}}\sigma_{v_{zs}} \\[2mm] \dfrac{\partial z_t}{\partial v_{xs}}\sigma_{v_{xs}} & \dfrac{\partial z_t}{\partial v_{ys}}\sigma_{v_{ys}} & \dfrac{\partial z_t}{\partial v_{zs}}\sigma_{v_{zs}} \end{bmatrix} = \boldsymbol{A}^{-1} \begin{bmatrix} 0 & 0 & 0 \\ (x_s - x_t)\sigma_{v_{xs}} & (y_s - y_t)\sigma_{v_{ys}} & (z_s - z_t)\sigma_{v_{zs}} \\ 0 & 0 & 0 \end{bmatrix}$$

$$(3-7)$$

(4)目标高程 h 对定位精度的影响

假设目标高度测量误差为 σ_h，用 $\boldsymbol{\sigma}_{R_t}^h$ 表示由目标高度测量误差引起的定位误差，则有

$$\boldsymbol{\sigma}_{R_t}^h = \begin{bmatrix} \dfrac{\partial x_t}{\partial h}\sigma_h \\[2mm] \dfrac{\partial y_t}{\partial h}\sigma_h \\[2mm] \dfrac{\partial z_t}{\partial_h}\sigma_h \end{bmatrix} = \boldsymbol{A}^{-1} \begin{bmatrix} 0 \\ 0 \\ R'_e \end{bmatrix} \sigma_R \qquad (3-8)$$

下面研究地球转动坐标系下的坐标定位精度对地面经纬度的定位精度的影响。

地面上经纬度为（Λ_t，Φ_t）的点，其经纬度的计算可通过如下两式得到：

$$\left. \begin{aligned} \tan\Lambda_t &= \frac{y_{go}}{x_{go}} \\[2mm] \sin\Phi_t &= \frac{z_{go}}{\sqrt{x_{go}^2 + y_{go}^2 + z_{go}^2}} \end{aligned} \right\} \qquad (3-9)$$

$$\left. \begin{aligned} \Lambda_t &= \arctan(y_{go}/x_{go}) \\[2mm] \Phi_t &= \arcsin(z_{go}/\sqrt{x_{go}^2 + y_{go}^2 + z_{go}^2}) \end{aligned} \right\} \qquad (3-10)$$

式中，（x_{go}，y_{go}，z_{go}）表示地面目标地球转动坐标系下的坐标。根据式(3-9)和式(3-10)，能够推算出地球转动坐标系下的坐标定位精度与地面经纬度的

定位精度之间的关系。

地面场景平面坐标 (x, y) 与经纬度坐标 (Λ_t, Φ_t) 存在如下关系：

$$
\left.
\begin{aligned}
x &= \frac{(\Phi_t - \Phi)R_e R_p}{\sqrt{R_p^2 \cos^2\Phi + R_e^2 \sin^2\Phi}} \\
y &= \frac{(\Lambda_t - \Lambda)R_e R_p \cos\Phi}{\sqrt{R_p^2 \cos^2\Phi + R_e^2 \sin^2\Phi}}
\end{aligned}
\right\}
\tag{3-11}
$$

式中，Λ 和 Φ 是场景中心的经度和纬度。若用 σ_x 和 σ_y 表示 x 和 y 方向的不确定性，则有

$$
\left.
\begin{aligned}
\sigma_x &= \frac{R_e R_p}{\sqrt{R_p^2 \cos^2\Phi + R_e^2 \sin^2\Phi}}\sigma_\Phi \\
\sigma_y &= \frac{R_e R_p \cos\Phi}{\sqrt{R_p^2 \cos^2\Phi + R_e^2 \sin^2\Phi}}\sigma_\Lambda
\end{aligned}
\right\}
\tag{3-12}
$$

则径向不确定 σ_r 为

$$
\sigma_r{}^2 = \sigma_x^2 + \sigma_y^2
\tag{3-13}
$$

设 σ_{xgo}，σ_{ygo}，σ_{zgo} 分别为 (x_{go}, y_{go}, z_{go}) 的定位精度。定义 σ_{xgo}^Λ，σ_{ygo}^Λ，σ_{zgo}^Λ 分别为 (x_{go}, y_{go}, z_{go}) 的定位精度对经度 Λ_t 的定位精度的影响，定义 σ_{xgo}^Φ、σ_{ygo}^Φ、σ_{zgo}^Φ 分别为 (x_{go}, y_{go}, z_{go}) 的定位精度对经度 Φ_t 的定位精度的影响，则有：

$$
\left.
\begin{aligned}
\sigma_{xgo}^\Lambda &= \frac{-y_{go}}{(x_{go}^2 + y_{go}^2)}\sigma_{xgo} = -\frac{\sqrt{R_p^2 \cos^2\Phi_t + R_e^2 \sin^2\Phi_t}}{R_e R_p \cos\Phi_t}\sin\Lambda_t \sigma_{xgo} \\
\sigma_{ygo}^\Lambda &= \frac{x_{go}}{(x_{go}^2 + y_{go}^2)}\sigma_{ygo} = \frac{\sqrt{R_p^2 \cos^2\Phi_t + R_e^2 \sin^2\Phi_t}}{R_e R_p \cos\Phi_t}\cos\Lambda_t \sigma_{ygo} \\
\sigma_{zgo}^\Lambda &= 0
\end{aligned}
\right\}
\tag{3-14}
$$

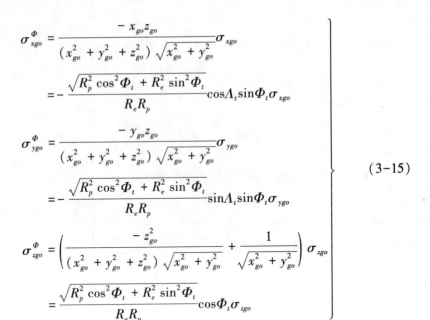

$$\left.\begin{aligned}
\sigma_{xgo}^{\Phi} &= \frac{-x_{go}z_{go}}{(x_{go}^2 + y_{go}^2 + z_{go}^2)\sqrt{x_{go}^2 + y_{go}^2}}\sigma_{xgo} \\
&= -\frac{\sqrt{R_p^2\cos^2\Phi_t + R_e^2\sin^2\Phi_t}}{R_eR_p}\cos\Lambda_t\sin\Phi_t\sigma_{xgo} \\
\sigma_{ygo}^{\Phi} &= \frac{-y_{go}z_{go}}{(x_{go}^2 + y_{go}^2 + z_{go}^2)\sqrt{x_{go}^2 + y_{go}^2}}\sigma_{ygo} \\
&= -\frac{\sqrt{R_p^2\cos^2\Phi_t + R_e^2\sin^2\Phi_t}}{R_eR_p}\sin\Lambda_t\sin\Phi_t\sigma_{ygo} \\
\sigma_{zgo}^{\Phi} &= \left(\frac{-z_{go}^2}{(x_{go}^2 + y_{go}^2 + z_{go}^2)\sqrt{x_{go}^2 + y_{go}^2}} + \frac{1}{\sqrt{x_{go}^2 + y_{go}^2}}\right)\sigma_{zgo} \\
&= \frac{\sqrt{R_p^2\cos^2\Phi_t + R_e^2\sin^2\Phi_t}}{R_eR_p}\cos\Phi_t\sigma_{zgo}
\end{aligned}\right\} \tag{3-15}$$

最后，有：

$$\left.\begin{aligned}
\sigma_\Lambda &= \sqrt{(\sigma_{xgo}^\Lambda)^2 + (\sigma_{ygo}^\Lambda)^2 + (\sigma_{zgo}^\Lambda)^2} \\
\sigma_\Phi &= \sqrt{(\sigma_{xgo}^\Phi)^2 + (\sigma_{ygo}^\Phi)^2 + (\sigma_{zgo}^\Phi)^2}
\end{aligned}\right\} \tag{3-16}$$

$$\left.\begin{aligned}
\sigma_x &= \sqrt{\frac{R_p^2\cos^2\Phi_t + R_e^2\sin^2\Phi_t}{R_p^2\cos^2\Phi + R_e^2\sin^2\Phi}} \cdot \sqrt{\sin^2\Phi_t(\cos^2\Lambda_t\sigma_{xgo}^2 + \sin^2\Lambda_t\sigma_{ygo}^2) + \cos^2\Phi_t\sigma_{zgo}^2} \\
\sigma_y &= \sqrt{\frac{R_p^2\cos^2\Phi_t + R_e^2\sin^2\Phi_t}{R_p^2\cos^2\Phi + R_e^2\sin^2\Phi}} \cdot \left|\frac{\cos\Phi}{\cos\Phi_t}\right| \cdot \sqrt{\sin^2\Lambda_t\sigma_{xgo}^2 + \cos^2\Lambda_t\sigma_{ygo}^2}
\end{aligned}\right\} \tag{3-17}$$

根据以上精度分析，下面给出一组仿真数据对精度分析进行进一步说明
（见表 3-1）。

表 3-1   仿真参数

参数	测量误差
平台位置	(5m, 5m, 5m)
平台速度	(0.005m/s, 0.005m/s, 0.005m/s)
斜距	5m
目标高程	5m

由图 3-2 至图 3-6 可以看出，在中纬度地区定位不确定性最小。由平台位置 R_s 测量误差引起的定位不确定性在小视角观测情况下较大，如图 3-2 所示。由平台速度 V_s 测量误差引起的定位不确定性在大视角观测情况下较大，如图 3-3 所示。由斜距 R 测量误差引起的定位不确定性在小视角观测情况下较大，如图 3-4 所示。由目标高程 h 测量误差引起的定位不确定性在小视角观测情况下较大，如图 3-5 所示。由各因素带来的定位误差求均方差可以得到整体的定位不确定性，整体定位不确定性在大视角情况下较大；另外，在高纬度地区小视角情况下整体定位不确定性较大，如图 3-6 所示。另外，经度对定位几乎没有影响，如图 3-7 所示。

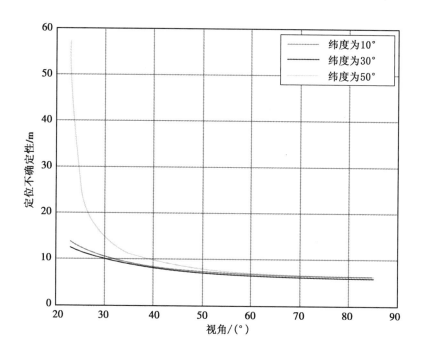

图 3-2　由平台位置测量误差引起的定位不确定性

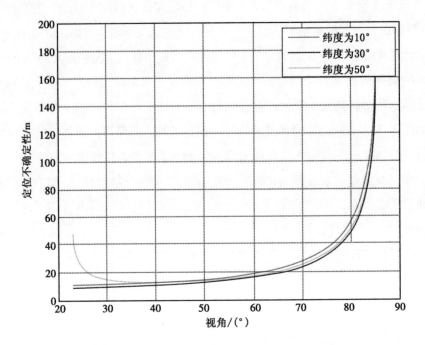

图 3-3   由平台速度测量误差引起的定位不确定性

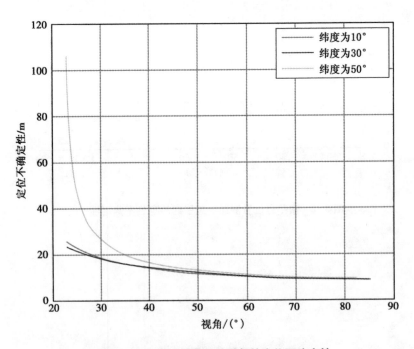

图 3-4   由斜距测量误差引起的定位不确定性

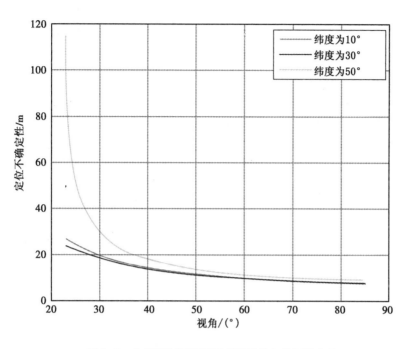

图 3-5　由目标高程测量误差引起的定位不确定性

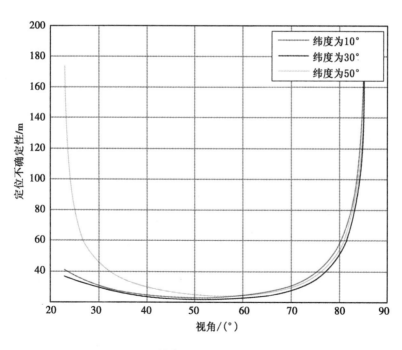

图 3-6　整体定位不确定性(纬度变化)

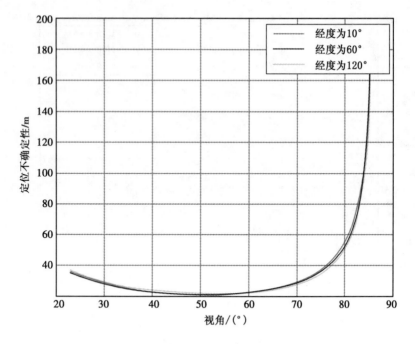

图 3-7 整体定位不确定性(经度变化)

3.5 RD 定位模型的解算

3.5.1 现有 RD 解算方法简介

定位的目的是建立影像坐标 (i, j) 与地理坐标 (L_t, δ_t) 之间的映射关系,如下所示:

$$(i, j, H_t) \leftrightarrow (L_t, \delta_t, H_t)$$

这种映射关系是双向的,若从影像坐标 (i, j) 出发并假设目标高程 H_t 也已知,则可通过一定的解算方法得到地物在地理坐标系中的经纬度,这一过程称为直接定位方法;若从地理坐标系出发确定该地物对应的影像坐标,这种定位方法称为间接定位方法。

目前,公开发表的 RD 模型计算方法可归为数值解算方法和解析算法两大类。距离-多普勒结合地球椭球模型是非线性方程,无法直接从中导出 (i, j) 与 (L_t, δ_t) 之间的关系,一般可以通过牛顿迭代法进行解算,这一类基于数值

46

解算的方法以美国 ASF 在其公开的 SAR 处理程序为代表，并被周金萍[31]介绍到国内，数值解算方法由于基于的是地球椭球模型，其定位精度是值得肯定的。如果把地球看成一个具有本地半径的球体，就可以推导出目标的解析解，并且对于近地遥感任务具有足够的精度。袁孝康[32]于 1997 年首次系统地研究了这种解析算法，给出了目标位置的解析计算式。

对于 SAR 影像，目前除了 InSAR[33] 外很难得到影像上 (i, j) 对应的目标高程信息，一般将高程设为 0，或用平均的海平面模型确定，这样一来，对非平坦地区采用直接定位方法势必导致校正效果不理想，这一影响将在下一节的实验结果中看到。而 (L_t, δ_t, H_t) 中高程信息可通过地理数据库中已有的 DEM 数据获得，因此采用间接定位方法对非平坦地区进行几何校正更容易实现。

RD 模型中传感器与地面目标应该处于同一坐标下，由于传感器位置及速度一般在不转动坐标系中给出，因此须将地面目标转换至不转动坐标系下。首先由 DEM 数据，利用下式从 (L_t, δ_t, H_t) 解算地面目标在转动坐标系（即地固系）中的位置 (x, y, z)：

$$\left.\begin{aligned} R_{ee} &= \frac{1}{\sqrt{\left(\dfrac{\cos L_t}{R_e}\right)^2 + \left(\dfrac{\sin L_t}{R_p}\right)^2}} + H_t \\ x &= R_{ee} \cdot \cos L_t \cdot \cos \delta_t \\ y &= R_{ee} \cdot \cos L_t \cdot \sin \delta_t \\ z &= R_{ee} \cdot \sin L_t \end{aligned}\right\} \tag{3-18}$$

假设卫星照射起始行工作时刻为 0，起始时刻对应的格林威治角为 $Green\_start$，则 t_a 时刻对应的格林威治角 Hg 为

$$Hg = Green\_start + \omega_e \cdot t_a \tag{3-19}$$

此时，目标对应在不转动坐标系（即地惯系）中的位置 $\boldsymbol{R}_t = (x_t, y_t, z_t)^{\mathrm{T}}$ 为

$$\left.\begin{aligned} x_t &= x \cdot \cos Hg - y \cdot \sin Hg \\ y_t &= x \cdot \sin Hg + y \cdot \cos Hg \\ z_t &= z \end{aligned}\right\} \tag{3-20}$$

在第 2.5.1 节中，介绍了卫星平台位置及速度与轨道六要素之间的关系，若利用轨道六要素来求取平台位置及速度信息，则平台姿态误差将影响定位结果。若利用星历参数，由牛顿力学原理，对卫星平台位置及速度进行预处理，可得到卫星平台运动关于方位向时间 t_a 的函数关系为

$$\left.\begin{array}{l} x_s = a_0 + a_1 \cdot t_a + a_2 \cdot t_a^2 + a_3 \cdot t_a^3 \\[4pt] y_s = b_0 + b_1 \cdot t_a + b_2 \cdot t_a^2 + b_3 \cdot t_a^3 \\[4pt] z_s = c_0 + c_1 \cdot t_a + c_2 \cdot t_a^2 + c_3 \cdot t_a^3 \\[4pt] v_{sx} = a_1 + 2a_2 \cdot t_a + 3a_3 \cdot t_a^2 \\[4pt] v_{sy} = b_1 + 2b_2 \cdot t_a + 3b_3 \cdot t_a^2 \\[4pt] v_{sz} = c_1 + 2c_2 \cdot t_a + 3c_3 \cdot t_a^2 \end{array}\right\} \qquad (3-21)$$

式中，各系数 a_0，a_1，…，c_3 由预处理过程确定。间接定位需要求取目标对应在 SAR 图像中的坐标 (i, j)，而方位向、距离向坐标与方位向时间 t_a 和距离向时间 t_r 的关系可表示为：$t_a = i/F_{prf}$，$t_r = j/F_s$，其中，F_{prf} 和 F_s 分别为雷达脉冲重复频率和距离向采样频率，均为常数。

因此，求坐标 (i, j) 的问题可转换为求时间 (t_a, t_r) 的问题。另外，由传感器到目标的斜距与 SAR 图像坐标间的关系 $R = R_0 + C \cdot j/2F_s$，可得 $R = R_0 + C \cdot t_r/2$。要多普勒频率还可通过元数据中提供的多普勒参数得到：$f_d = d_0 + d_1 \cdot t_r + d_2 \cdot t_r^2 + d_3 \cdot t_r^3$。系数 d_0，d_1，d_2，d_3 由成像过程提供并给定。

出于星载 SAR 定位精度的考虑，本书主要研究基于数值解算的 RD 解算方法，并简要介绍一种经典的间接校正方法（文献[27]中介绍）。首先假设一个行号 i_0，则可根据已知的平台状态矢量（是时间或行号的函数）计算得到对应行 i_0 的平台位置和速度，地物的位置和速度也是已知的，因此可以计算多普勒频率 f_d 及多普勒频率变化率 $\dfrac{\mathrm{d}f_d}{\mathrm{d}t}$，则 $-f_d/(\mathrm{d}f_d/\mathrm{d}t)$ 是需要调整的时间改变量。由时间改变量可以推出行号的改变量。以上过程不断循环，当时间改变量小于某一阈值时，就找到了地物点的影像行坐标。由该行号对应的平台位置和地物位置可以计算出平台到地物点的距离，进而求出该地物点对应的影像列号。该过程具体实现算法如下。

① 由 DEM 数据，从 (L_t, δ_t, H_t) 解算地面目标在转动坐标系中的位置 (x, y, z)，再利用式（3-20）得到目标在不转动坐标系中的位置 $\boldsymbol{R}_t = (x_t, y_t, z_t)^{\mathrm{T}}$。

② 给定影像行坐标初始值，将 i_0 转换为方位向时间 t。

③ 利用轨道数据求出 t 对应的平台位置矢量 $\boldsymbol{R}_s$ 和速度矢量 $\boldsymbol{V}_s$。

④ 将 $\boldsymbol{R}_s$ 和 $\boldsymbol{V}_s$ 以及 $\boldsymbol{R}_t$ 代入多普勒方程求出 f_d。

⑤ 计算 $\delta t = -f_d/(\mathrm{d}f_d/\mathrm{d}t)$，如果 δt 的绝对值小于某一阈值，迭代结束，返回 $t = t + \delta t$；否则，以 $t = t + \delta t$ 返回第③步重新计算平台的位置及速度向量。

⑥ 将 t 转换为行号 i 的值；计算 R，根据斜距测量公式计算距离向列号 j。

⑦ 当前 i, j 不一定为整数，采用插值算法对图像进行重采样。

⑧ 遍历 DEM，得到 DEM 覆盖区域的校正图像。

3.5.2 基于 RD 模型的新几何校正算法

下面将从间接定位方法出发，给出新的基于 RD 模型的定位解算算法，并对几何校正过程进行介绍。新的基于距离－多普勒频率模型的解算算法综合方程(3-1)和方程(3-2)以及上面 R，f_d 关于时间的表达式，可得到两个非线性方程：

$$F_1 = (x_s - x_t)^2 + (y_s - y_t)^2 + (z_s - z_t)^2 - R^2 = 0 \qquad (3-22)$$

$$F_2 = -2(\omega_e \cdot y_s + v_{sx}) \cdot x_t + 2(\omega_e \cdot x_s - v_{sy}) \cdot y_t -$$

$$2v_{sz} \cdot z_t + 2(x_s \cdot v_{sx} + y_s \cdot v_{sy} + z_s \cdot v_{sz}) +$$

$$\lambda \cdot f_d \cdot \sqrt{(x_s - x_t)^2 + (y_s - y_t)^2 + (z_s - z_t)^2} = 0 \qquad (3-23)$$

式(3-22)和式(3-23)中除了常数 w_e，λ，并假定 $\boldsymbol{R}_t = (x_t, y_t, z_t)^{\mathrm{T}}$ 已确定，其他变量均可由方位向和距离向时间 (t_a, t_r) 表示。对 (t_a, t_r) 求偏导，得到雅可比矩阵：

$$\boldsymbol{J} = \begin{bmatrix} \dfrac{\partial F_1}{\partial t_a} & \dfrac{\partial F_1}{\partial t_r} \\[3mm] \dfrac{\partial F_2}{\partial t_a} & \dfrac{\partial F_2}{\partial t_r} \end{bmatrix} \qquad (3-24)$$

整理得

$$\frac{\partial F_1}{\partial t_a} = 2\left[(x_s - x_t)v_{sx} + (y_s - y_t)v_{sy} + (z_s - z_t)v_{sz} \right]$$

$$\frac{\partial F_1}{\partial t_r} = -RC$$

$$\frac{\partial F_2}{\partial t_a} = -2x_t \cdot \left[\omega_e \cdot v_{sy} + (2a_2 + 6a_3 \cdot t_a) \right] + 2y_t \cdot \left[\omega_e \cdot v_{sx} - (2b_2 + 6b_3 \cdot t_a) \right] - 2z_t \cdot (2c_2 + 6c_3 \cdot t_a) + 2\left[(v_{sx}^2 + x_s \cdot (2a_2 + 6a_3 \cdot t_a) + v_{sy}^2 + y_s \cdot (2b_2 + 6b_3 \cdot t_a) + v_{sz}^2 + z_s \cdot (2c_2 + 6c_3 \cdot t_a) \right] + \lambda f_d \cdot \left[(x_s - x_t) \cdot v_{sx} + (y_s - y_t) \cdot v_{sy} + (z_s - z_t) \cdot v_{sz} \right] / \sqrt{(x_s - x_t)^2 + (y_s - y_t)^2 + (z_s - z_t)^2}$$

$$\frac{\partial F_2}{\partial t_r} = \lambda \cdot (d_1 + 2d_2 \cdot t_r + 3d_3 \cdot t_r^2) \cdot \sqrt{(x_s - x_t)^2 + (y_s - y_t)^2 + (z_s - z_t)^2}$$

$$(3-25)$$

基于 RD 模型新解算算法的校正过程如下。

① 设初始时间 $(t_a, t_r) = (0, 0)$，由 DEM 数据，利用式(3-18)~式(3-20)得到目标在不转动坐标系中的位置 $\boldsymbol{R}_t = (x_t, y_t, z_t)^\mathrm{T}$。

② 由式(3-22)~式(3-25)，利用牛顿迭代法求取时间增量 $(\Delta t_a, \Delta t_r)$，若 $\sqrt{\Delta t_a^2 + \Delta t_r^2}$ 小于设定的阈值，返回 (t_a, t_r) 值；否则，$(t_a, t_r) = (t_a + \Delta t_a, t_r + \Delta t_r)$，再利用式(3-18)~式(3-20)得到 $\boldsymbol{R}_t = (x_t, y_t, z_t)^\mathrm{T}$，进一步迭代。

③ 由 $i = t_a \cdot F_{prf}, j = t_r F_s$ 求得目标对应在 SAR 影像中的坐标。

④ 由于 i, j 不一定为整数，采用插值算法对图像进行重采样。

⑤ 遍历 DEM，得到 DEM 覆盖区域的校正图像。

3.5.3 基于仿真数据的算法验证

为证明新算法对非平坦地区的校正能力，利用回波仿真生成的圆锥数据进行验证。由校正前的图像可以看出，由于 SAR 的成像特点，锥体出现了形变，面向传感器的一面出现了收缩，背向的一面出现了拉伸，导致锥顶偏向一边，不在正中间。已知圆锥所在区域(512×512 大小)的 DEM，在 0.99G 内存 3.06GHz 的 Pentium(R)4 机器上用 C 编写程序，利用本书算法与文献[28]算法得到的校正效果一样，但前者运算时间为 8s，后者为 173s，本书改进算法的运算速度明显加快。

"遥感图像处理的目的即为还事物的本来面目"，几何校正就是要还事物的本来形状。本书算法与文献[27]相比，在视角为 36.1°时，两种方法都能得到好的校正效果，本书算法得到的校正结果是锥体形状恢复略好(见图 3-8)。当视角为 25°时，能明显看出本书算法比文献[27]的校正效果要好，但仍有不足，特别是锥体高度增高时，校正效果仍有待改进(见图 3-9 和图 3-10)。

对于直接定位法几何校正方法，由于难以得到影像上 (i, j) 对应的目标高程信息，而将高程设为 0，对图 3-8(a)进行几何校正的结果如图 3-11 所示，可以看出该方法对平地的校正效果良好，而无法校正带高程的地物形变。

另外，通过设置点目标，计算其定位误差，当平台高度较低，处于近空间时，两种方法的定位结果见表 3-2。

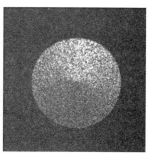

（a）校正前　　　　　　（b）文献［27］方法的校正结果　　　　　（c）本书方法的校正结果

图 3-8　视角 36.1°锥高 60m 情况下校正结果比较

（a）校正前　　　　　　（b）文献［27］方法的校正结果　　　　　（c）本书方法的校正结果

图 3-9　视角 25°锥高 60m 情况下校正结果比较

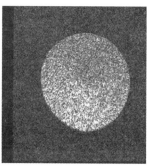

（a）校正前　　　　　　（b）文献［27］方法的校正结果　　　　　（c）本书方法的校正结果

图 3-10　视角 25°锥高 30m 情况下校正结果比较

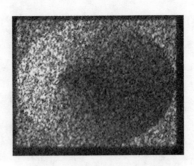

图 3-11　直接定位法几何校正结果

表 3-2　　　　　　　　　　近空间平台下定位误差比较　　　　　　　　　　m

序号	经典方法	新方法
1	0.861751	0.533964
2	0.844794	0.536079
3	0.838891	0.538186
4	0.832108	0.717064
5	0.826355	0.716371
6	0.819850	0.716117
7	0.815300	0.719277
8	0.809546	0.721752
9	0.794159	0.788128
10	0.788487	0.787542
11	0.781970	0.787399
12	0.777502	0.790463
13	0.771827	0.793060
14	0.747938	0.746984
15	0.742270	0.746391
16	0.735761	0.746261
17	0.731432	0.749454
18	0.725756	0.752032
19	0.693484	0.593722
20	0.687726	0.592956
21	0.681252	0.592706
平均误差	0.776579	0.698376
均方误差	0.778370	0.704082

当平台处于星载情况下时，两种方法的定位结果如表 3-3 所示。

表 3-3 　　　　　　　　　　　星载平台下定位误差比较　　　　　　　　　　　　　m

序号	经典方法	新方法
1	19.822083	0.537518
2	6.964020	0.966076
3	1.783743	0.185128
4	18.955760	0.630750
5	16.361937	1.549116
6	11.230118	0.944059
7	6.085161	0.402431
8	0.939917	0.557017
9	20.634467	1.671190
10	15.504617	0.922855
11	10.374153	0.484097
12	5.225299	0.547915
13	2.602143	1.441807
14	19.789234	1.069228
15	14.661561	0.385814
16	9.527568	0.540668
17	6.914604	1.507386
18	1.758277	0.834557
19	18.955371	0.463948
20	13.834401	0.531384
21	11.225939	1.551073
平均误差	11.102399	0.844001
均方误差	12.851719	0.954489

　　通过表 3-2，经典方法中存在一些目标的定位误差大于 0.8m，而改进算法能保证定位精度在 0.8m 以内；通过表 3-3，用经典方法定位均方误差达到了 12.851719m，而用改进算法进行定位其精度在 1m 以内。可以看出本书新提出的 RD 解算算法的定位精度明显提高，是一种有效的几何校正方法。

3.6 融合定位提高目标定位精度

3.6.1 融合定位方法描述

由第 3.4 节可知,当斜距测量、平台位置测量、平台速度测量、目标高程测量中的任意因素存在误差时,都将影响目标的定位精度。如果利用协同探测,通过两颗或多颗 SAR 卫星对同一目标进行定位,由于多颗卫星数据的互补,将有助于减少单颗 SAR 卫星因斜距测量、平台位置测量、平台速度测量因素引起的定位误差,从而提高定位精度。下面将论述两颗 SAR 卫星分别从目标的两侧进行观测,通过联合左视和右视两幅图像数据,提高目标的定位精度。

假设两颗卫星照射某一目标时,SAR 传感器在不转动坐标系中的位置向量分别为 $\boldsymbol{R}_{s1} = (x_{s1}, y_{s1}, z_{s1})^{\mathrm{T}}$ 和 $\boldsymbol{R}_{s2} = (x_{s2}, y_{s2}, z_{s2})^{\mathrm{T}}$,其速度分别记为 $\boldsymbol{V}_{s1}$ 和 $\boldsymbol{V}_{s2}$。R_1 和 R_2 分别为两传感器与地面目标之间的斜距,f_{d1} 和 f_{d2} 分别为两传感器与目标之间相对运动产生的多普勒中心频率,λ_1 和 λ_2 分别为两传感器的雷达工作波长,结合地球椭球模型,可得到如下联立方程组:

$$\left.\begin{aligned}
R_1 &= |\boldsymbol{R}_{s1} - \boldsymbol{R}_t| = \sqrt{(x_{s1} - x_t)^2 + (y_{s1} - y_t)^2 + (z_{s1} - z_t)^2} \\
f_{d1} &= -\frac{2}{\lambda_1 R_1}(\boldsymbol{R}_{s1} - \boldsymbol{R}_t)(\boldsymbol{V}_{s1} - \boldsymbol{V}_t) \\
R_2 &= |\boldsymbol{R}_{s2} - \boldsymbol{R}_t| = \sqrt{(x_{s2} - x_t)^2 + (y_{s2} - y_t)^2 + (z_{s2} - z_t)^2} \\
f_{d2} &= -\frac{2}{\lambda_2 R_2}(\boldsymbol{R}_{s2} - \boldsymbol{R}_t)(\boldsymbol{V}_{s2} - \boldsymbol{V}_t) \\
\frac{x_t^2 + y_t^2}{(R_e + H_t)^2} &+ \frac{z_t^2}{R_p^2} = 1
\end{aligned}\right\} \quad (3\text{-}26)$$

同一目标在左视、右视两幅 SAR 图像中的位置是不同的,为了得到目标的定位精度,下面将基于直接定位方法,将对应于同一目标的图像像素坐标,根据方程组(3-26)求出其在地面上所处的地理位置坐标,再与目标的理想地理坐标进行对比。

在解算过程中值得注意的是,需要将各传感器对应的位置及速度矢量根据各自对应的时刻(得到对应的格林威治角)先换算至转动坐标系(即地固系),

这样解算出来的目标坐标处于转动坐标系中，进而可以换算其对应的地理坐标。

不转动坐标系下位置坐标 $\boldsymbol{R}_o$ 到转动坐标系下位置坐标 $\boldsymbol{R}_g$ 的换算公式为

$$\boldsymbol{R}_g = \boldsymbol{A}_{go} \cdot \boldsymbol{R}_o \tag{3-27}$$

其中

$$\boldsymbol{A}_{go} = \begin{bmatrix} \cos Hg & \sin Hg & 0 \\ -\sin Hg & \cos Hg & 0 \\ 0 & 0 & 1 \end{bmatrix}$$

不转动坐标系下速度坐标 $\boldsymbol{V}_o$ 到转动坐标系下速度坐标 $\boldsymbol{V}_g$ 的换算公式为

$$\boldsymbol{V}_g = \boldsymbol{A}_{go} \cdot \boldsymbol{V}_o + \boldsymbol{A}'_{go} \cdot \boldsymbol{R}_o \tag{3-28}$$

其中

$$\boldsymbol{A}'_{go} = \begin{bmatrix} -\sin Hg \cdot \omega_e & \cos Hg \cdot \omega_e & 0 \\ -\cos Hg \cdot \omega_e & -\sin Hg \cdot \omega_e & 0 \\ 0 & 0 & 0 \end{bmatrix}$$

3.6.2 仿真数据方法验证

通过对同一场景设置已知位置的点目标，仿真在不同视角的情况下，左视、右视的观测结果，轨道数据注入了均值相同的随机位置误差。单独用左视数据进行定位以及单独用右视数据进行定位，与联合左视、右视数据进行协同探测定位进行比较，定位结果见表 3-4。

表 3-4　　　　　　　　　　融合前后定位误差比较　　　　　　　　　　　　m

序号	左视定位误差	右视定位误差	融合定位
1	12. 45207	22. 24985	5. 289584
2	11. 68694	21. 68972	5. 116297
3	13. 42205	21. 57296	4. 325444
4	11. 63977	22. 97475	6. 064579
5	13. 78640	22. 75317	4. 881596
6	13. 51827	22. 55889	4. 854035
7	12. 84131	22. 39374	5. 262025
8	12. 53170	22. 25950	5. 106120
9	13. 31010	21. 31739	4. 461576

续表3-4

序号	左视定位误差	右视定位误差	融合定位
10	12.61548	21.10190	4.877020
11	12.29554	20.91216	4.760161
12	11.97938	23.13582	5.919061
13	11.66791	22.99858	5.811636
14	12.11757	22.05212	5.442736
15	11.79446	21.85735	5.379370
16	11.47407	21.68460	5.313924
17	13.58687	21.53542	4.089385
18	13.27376	21.41131	4.023649
19	13.80185	22.83033	4.780130
20	13.47425	22.66234	4.754692
21	13.14946	22.51330	4.727498
平均误差	12.68663	22.11739	5.011453
均方误差	12.71018	22.12699	5.040200

由表 3-4 可以看出,融合定位后较利用单个传感器获取数据进行定位,其定位精度有了明显的提高,说明利用融合的思想对两传感器数据进行定位是有效的。

3.7 本章小结

几何校正是阻碍 SAR 图像应用的瓶颈问题,目前所用的方法都有局限性,地形起伏引起的形变更是目前几何校正尚未很好解决的难题。

本章研究了星载 SAR 影像几何校正原理,提出了改进的 RD 解算算法,利用 DEM 数据给出了基于该算法的几何校正全过程。通过仿真数据进行了验证和比较,实验结果表明,新算法能校正因地形起伏引起的形变。由于构建了新的牛顿迭代核来解算 RD 模型,新核的构建比文献[28]形式更简单,计算得到了简化,故校正速度比文献[28]的方法明显加快。与文献[27]中仅在方位向上迭代相比,由于新算法从方位向和距离向这两个方向上同时迭代,故校正效果比文献[27]稳定。但在小视角情况下,本书方法的校正效果仍有待改善。由于不采用控制点而是利用已有的 DEM 数据，本方法对于无法获取地面控制点或者获取控制点困难的广阔海域或沙漠地区实现实时校正具有较好的应用价值。

另外，利用融合的思想，通过多颗 SAR 卫星对同一目标进行定位，由于多颗卫星数据的互补，有助于减少单星 SAR 卫星因斜距测量、平台位置测量、平台速度测量因素引起的定位误差，从而提高了定位精度。用两颗 SAR 卫星分别从目标的两侧进行观测，通过融合左视和右视两幅图像数据，利用融合定位提高了目标的定位精度。

4　图像配准与融合的联系

第 3 章研究了 SAR 图像的几何校正方法与实现，几何校正是图像配准和融合的基础，经过几何校正去除图像的非线性形变后，能够为图像的配准做好准备，从而利于图像的融合。本章将研究图像融合与配准间的联系，为图像配准研究做准备。

4.1　引　言

遥感技术是目前为止能够提供全球范围动态观测数据的唯一手段，在各个军事和民用领域都有着广泛应用，遥感图像融合近年来也越来越受到重视[34]。

遥感图像信息融合将多源遥感数据集合在统一的地理坐标系中，采用一定的算法生成一组新的信息或合成图像。图像融合的处理通常可在三个不同层次进行：像素级融合、特征级融合、决策级融合。目前对不同分辨率的遥感图像融合的研究主要在像素级层次上进行。

4.1.1　信息融合领域发展与现状

随着科学技术的发展，传感器性能得到了很大的提高，各种面向复杂应用背景的多传感器系统大量涌现。特别是 20 世纪 70 年代以后，高技术兵器尤其是精确制导武器和远程打击武器的出现，已使战场范围扩大到陆、海、空、天、电磁五维空间中。但是到目前为止，还没有哪种传感器的各种性能指标都高于其他传感器，因此在实际系统中，同时采用多种类型的传感器，可以提高系统的检测、识别、分类和决策能力。

在新一代作战系统中，依靠单传感器提供信息已经无法满足作战需要，必须运用包括微波、毫米波、红外、激光、电子支援措施（ESM）以及电子情报技术（ELINT）等覆盖宽广频段的各种有源和无源探测器在内的多传感器所提供的各种观测数据，通过优化综合处理，实时发现目标、获取目标状态估计、识别目标属性、分析行为意图和态势评估、威胁分析、提供火力控制、精确制导、电子对抗、作战模式和辅助决策等作战信息。由于信息表现形式的多样性、信息数量的巨大性、信息关系的复杂性，以及信息处理要求的及时性，都已大大超出了人脑的信息综合处理能力，从 20 世纪 70 年代起，美国研究机构就在美国国防部的资助下，开展了声呐信号理解系统的研究，此后一个新兴的学科——多传感器信息融合便发展起来。

"信息融合这一概念于 20 世纪 70 年代被首次提出，当时并未引起人们足够的重视。近年来，随着科学技术的迅猛发展，军事、工业领域中不断增长的复杂度使得军事指挥人员或工业控制环境面临数据频仍、信息超载的问题，需要通过新的技术途径对过多的信息进行消化、解释和评估，因而多传感器信息融合技术受到军事以及非军事领域的密切关注。"[35]

信息融合习惯上又叫作数据融合(data fusion or data aggregation)或多传感器数据融合，也有学者认为数据融合包含了信息融合，还有一些学者认为信息融合包含了数据融合，而更多的学者把"信息融合"与"数据融合"等同看待。在不影响应用的前提下，两种提法都是可以的，但信息融合可能更可取些[36]。在 20 世纪 80 年代初，有关数据融合技术方面的文献尚且少见，但到 80 年代末，美国便每年举行两个关于数据融合领域的会议，它们是由美国国防部联合指导实验室 C^3I 技术委员会和国际光学工程学会分别赞助召开的，每年发表大量的关于电子信息系统和多传感器数据融合方面的论文。到 20 世纪 90 年代初，美国国防部将"多传感器数据融合"列为 20 世纪 90 年代重点研究、开发的 20 项关键技术之一，从 1992 年起，每年投巨资用于数据融合技术的开发与研究，并研制了几十个军用数据融合系统。如"军用分析系统""多传感器多平台跟踪情报相关处理系统""海洋监测融合专家系统""雷达与 ESM 情报关联系统"等。根据国外研究成果，信息融合比较确切的定义可概括为：利用计算机技术对按时序获得的多源的观测信息在一定准则下加以自动分析、综合，以完成所需的决策和估计任务而进行的信息处理过程。

多传感器信息融合研究的对象是各类传感器提供的信息，这些信息是以信号、波形、图像、数据、文字或声音等形式给出的，各种类型的传感器是电子信息系统关键的组成部分，它们是电子信息系统的信息源。如气象信息可能由气象雷达提供，遥感信息可能由 SAR 提供，敌人用弹道导弹对我某战略要地的攻击信息可能由预警雷达提供，等等。

信息融合通常可分为三个层次：数据级、特征级、决策级。数据级融合是最低层次的融合，直接对传感器的观测数据进行融合处理，优点是信息保持好、精度高，缺点是处理数据量大、耗时长、抗干扰和纠错能力差。特征级融合为中间层次的融合，先由每个传感器抽象出自己的特征向量，融合中心完成的是特征向量的融合，其优点是减少了处理数据量，缺点是损失了一部分信息。决策级融合是一种高层次的融合，先由每个传感器基于自己的数据作出决策，然后在融合中心完成局部决策的融合处理，具有通信量小、抗干扰能力强、对传感器依赖小、处理代价低等优点，但数据损失量大，精度最低。

国内对信息融合技术的研究于 20 世纪 80 年代末起步，90 年代以后才被重视起来并逐渐形成研究高潮，可以说起步较晚。我国已将信息融合技术列为"863"计划和"九五"规划中的国家重点研究项目，并将其确定为发展计算机技术及空间技术等高新产业邻域的关键技术之一。目前已经有部分高校和研究所从事此领域的研究工作，相继已有部分专著面世[37-40]，每年有几百篇学术论文在国内外学术刊物和会议上发表。但我国信息融合的研究与国际先进水平相比还有很大差距。目前，信息融合仍是不很成熟的技术，在基础理论研究以及应用领域尚有很大发展空间[41]。

4.1.2　遥感图像融合发展与研究现状

多源遥感图像融合是随着遥感科学的迅猛发展并与信息融合技术结合而发展起来的研究方向，遥感科学的发展使遥感平台和遥感器已从过去的单一型向多样化发展，并能在不同平台上获得不同空间分辨率、时间分辨率和光谱分辨率的多源遥感图像。但是由于成像原理不同和技术条件的限制，任何单一遥感平台、单一遥感器、单一电磁谱段的遥感数据均具有一定的应用范围和局限性，不能够全面反映地面目标物的特征。多源遥感数据融合是对多遥感平台、多遥感器、多电磁谱段的遥感数据进行融合的一种信息处理技术，其目的主要可以分为两类：一类针对具体的应用出发，另一类则着眼于优化图像的整体信息质量。多源遥感信息融合包括很丰富的内容，可以是不同平台（如卫星、飞机、低空气球等）遥感信息的融合，可以是不同传感器（如可见光、SAR、热红外、高光谱等）遥感信息的融合，可以是不同谱段（如 X 波段、C 波段、Ku 波段等）遥感信息的融合，可以是不同空间分辨率遥感信息的融合，还可以是不同时间分辨率（即重访周期）遥感信息的融合。多源遥感信息融合所融合的信息，除了遥感数据本身，还包括观测地地理信息、传感器平台飞行信息等辅助信息，以及外部先验知识等[42]。

美国波音公司航空电子飞行实验室于 2000 年 5 月成功演示并验证了联合攻击机(JSF)航空电子综合系统的多源遥感图像信息融合技术和功能。该实验利用合成孔径雷达和前视红外图像进行融合处理，可以快速确定目标位置并对目标进行识别，再利用电子战传感器采集到的信息进一步融合，使飞行员可以对威胁目标进行及时准确的定位和识别。美国国防部在不同时期指定的关键战术计划中，有相当一部分的任务涉及多源遥感图像融合。另外，美国还计划研制覆盖射频、可见光、红外波段共用孔径的有源、无源一体化图像与数据融合探测系统[43]。

目前，对遥感领域信息融合研究最多的机构要数 NASA 国家科学院，并且有较多论文成果发表出来，NASA 报告中有不少新成果公布于《地球科学与遥感学报》等 IEEE 期刊上。另外，GRSS-DFC 欧洲委员会联合研究中心也在这一领域投入了大量研究。

进入 21 世纪，除了欧美等对遥感图像融合投入大量研究以外，日本、韩国对此也展开了研究，韩国首尔国立大学的 Wooil M.Moon 教授开展的相关研究得到了充分肯定，因其"在卫星地球物理学与信息融合领域做出的重大贡献"而被国际 IEEE《地球科学与遥感学报》授予极高荣誉。另外，Luciano Alparone，Lauce Wald 等教授也在遥感融合领域做了许多工作[44]，2006 年，IEEE GRSS 数据融合委员会还专门就其研究成果进行了讨论。

在高校当中，美国密西西比州立大学、意大利佛罗伦萨大学、美国哥伦比亚大学、日本东京大学等著名高校也对遥感图像融合展开了大量研究。国内，中国科学院电子所、西北工业大学、华中科技大学、武汉大学遥感实验室、国防科技大学、北京交通大学等也进行了一些研究并取得了成果。

多源遥感数据融合研究使用的方法主要有代数运算法、回归变量代换法、IHS 彩色空间变换法、主成分分析法、高通滤波法以及基于 Bayesian 统计理论的融合法；正在兴起的融合方法主要有基于图像多分辨率的小波分析和金字塔形变换融合法、基于不同人工神经网络的融合算法以及基于 Dempster-Shafer 证据理论、模糊理论的针对多源遥感数据的不确定性所提出的融合算法等。许多智能信息处理的方法，如贝叶斯网络、遗传算法、神经网络、模糊聚类、粗糙集理论、支持向量机等方法，也被广泛地应用在遥感信息融合与解译、SAR 图像融合与解译中[45-46]。

为达到具体的应用目的，待处理的数据除基本的多源遥感图像外，通常还包括一些非遥感数据，如数字地图、地面物化参数分布等。考虑到数据在属性、空间和时间上的不同，遥感图像数据融合应先进行数据预处理，包括将不同来源、具有不同分辨率的图像在空间上进行几何校正、噪声消除、图像配准以及非遥感数据的量化处理等，以形成由各传感器数字图像、特征图（如纹理图等）、三维地形数据图等辅助数据构成的空间数据集或数据库。

多源遥感数据融合的应用主要包括图像增强，提高图像几何校正的精度，为立体摄影提供三维的可视化效果，图像缺失信息、缺陷弥补，数据压缩，目标检测识别，提高分类精度，变化检测等[47]。由于图像数据源的丰富和复杂性，加之各类应用目标的不同，因此很难建立一个统一的图像融合理论和方法系统，每一种融合算法都有各自的局限性[48]。目前发展比较成熟的融合算法都是针对光学遥感图像之间的融合提出的，对雷达遥感图像之间以及雷达与光学遥感图像之间的融合算法研究得相对较少。另外，多源遥感数据融合的应用大多集中在以自然地物为主的地表，而在以人工地物为主的地表，如城市区域，多源遥感数据融合的应用虽然必要，但开展的研究相对较少。随着我国实际应用的需求，多源遥感数据融合的研究很具有探索性和预研性。虽然尚未形成一套完整的理论，但已经有一些成功的应用。

融合方法是遥感图像融合研究的核心，近十几年来，多源遥感图像融合方法得到了快速发展，并在很多应用领域展现了独特的优越性。图像融合的处理通常可在三个不同层次进行：像素级融合、特征级融合、决策级融合。涉及的融合方法有高通滤波融合、HIS 变换法、主成分变换法（PCA）、独立主元分析方法（ICA）、小波变换方法、自组织神经网络方法和支持向量机（SVM）方法等。

关于融合方法的研究主要是针对特定图像源和融合目的的。遥感图像融合作为信息融合的一个具体研究领域，具有信息融合的特点，并能够提高传感器系统的有效性和信息的使用效率。同时，由于遥感图像本身具有的特殊性，图像融合还具有一些自己的特点，面对遥感图像的广泛应用，融合方法的研究还有很大的研究空间。

4.1.3 基于融合的 SAR 图像处理研究现状

有关 SAR 遥感图像的融合已开展了一些研究。例如，利用不同类型遥感图像信息的互补性进行目标的检测与识别，包括 SAR 图像与可见光图像融合[49]、SAR 图像与红外图像融合、不同波段的 SAR 图像融合[50]等；利用不同类型遥感图像或多时态 SAR 图像信息的互补性提高图像分类的精度[51-53]；基于 SAR 图像与可见光图像融合的建筑物三维重建，利用 SAR 图像立体像对或 SAR 图像的掩叠等几何特性提取建筑物高度信息，利用可见光图像进行建筑物屋顶形状分析或进行建筑物定位[54-55]，利用 SAR 图像与 TM 图像融合方法对湿地进行动态变化监测[56]，将 SAR 图像与 Landsat 图像融合用来对热带陆地或森林进行制图[57]，利用 SAR 图像融合对冰区进行评估预测[58]，利用 SAR 图像与光学图像进行地形分类[59]，利用 SAR 图像融合提取道路网络[60]，利用高分辨率干涉 SAR 图像融合进行城区三维制图及分类[61]或制作林区数字地图[62]。

目前基于融合的合成孔径雷达图像处理已经展现出了其研究价值，但与合成孔径雷达的快速发展相比，其应用研究开展得还不够，制约了其效益的发挥，随着人们对合成孔径雷达应用研究的重视，合成孔径雷达必将在更广阔的领域发挥更大的作用。

4.2　像素级遥感图像融合方法简介

像素级图像融合将输入的原始图像融合形成一幅新的图像，进而增加图像中每一个像素的信息内容，为下一步图像处理提供更多的特性信息，以便更容易地识别潜在目标。像素级融合处理一般要求传感器在空间上进行配准。但在实际应用中，由于受图像噪声的影响大、利用图像景物特征配准时获取区域和边缘困难或缺乏必要的地面特征点等限制，高精度的图像配准难度增大[63]。由于 SAR 与 SAR 图像的精确配准很困难，本章将研究配准误差对像素级图像融合效果的影响，试图找到一种对配准要求较低的融合方法，并在图像配准、融合方法的选择方面得到一些有益的结论。

接下来将给出几种常用的遥感图像融合方法，并讨论用于评价融合图像质量的评价指标，重点研究配准误差对遥感图像像素级融合效果的影响。

目前比较成熟的图像融合算法大多都是基于像素级的，大体可以分为 3 类：简单图像融合算法；基于金字塔分解的融合算法；基于小波变换的融合算法。另外，Kalman 方法也被用于遥感影像的像素级融合。

简单图像融合算法由于其简单性，直到现在还被广泛使用。简单图像融合算法主要有 3 种：像素灰度值平均、像素灰度值选大和像素灰度值选小。另外，主元分析(PCA)方法也可归为此类。

基于金字塔分解的图像融合算法的融合过程是在不同尺度、不同空间分辨率和不同分解层上分别讨论的。常用的金字塔分解技术[64-65]有 Laplace 金字塔[66]、梯度金字塔[67-68]、对比度金字塔[69-72]等。

小波变换[73-74]也是一种多尺度、多分辨率的分解，同时，小波变换具有方向性，近年来也越来越受关注，被用于遥感图像融合[75-76]。复小波变换近年来也被广泛用于遥感图像融合。

4.2.1　像素平均融合算法

像素平均是最直接的构造融合图像的方法。假设有可数幅图像源，并用 $I^n(x, y)(n = 1, 2, \cdots, N)$ 表示，N 是图像源数目，则融合图像 $I(x, y)$ 能通过像素平均方法得到：

$$I(x, y) = \sum_{n=1}^{N} W^n(x, y) I^n(x, y) \bigg/ \sum_{n=1}^{N} W^n(x, y) \qquad (4-1)$$

$$W^1(x, y) = W^2(x, y) = \cdots = W^N(x, y) = \frac{1}{N} \qquad (4-2)$$

式中，$W^n(x, y)$ 代表各图像参与融合的权重。

像素平均的融合方法具有实现简单、运行速度快和抑制噪声的优点。但是同时也会抑制源图像中的某些显著性特征，因而融合图像的对比度较低，可以通过选择"最优"权值消除这些缺点。

4.2.2　PCA 方法

主分量分析(principal component analysis, PCA)方法就是一种寻找使融合图像 $I(x, y)$ 的强度方差最大的权值的方法。PCA 方法是一种通过将多组相关的矢量转换为不相关矢量的统计方法。变换得到的新矢量是原始矢量的线性组合。PCA 方法在模式识别中被普遍应用，并被广泛用于 SAR 图像的目标分类[77]。PCA 方法基于一种假设：大的信息量对应着大的方差。在多光谱卫星图像与 SAR 图像的融合中[78]，利用 PCA 方法对所有的光谱子带进行处理。然后，用增强后的 ERS-2 SAR 图像替代光谱子带中的第一主元分量，再将其反变换至原始彩色空间得到融合后的图像。

对 SAR 图像融合，权重 $W^n(x, y)$ 还可通过 PCA 方法确定，融合图像中的每个像素是输入图像的加权和。假设有两幅图像源($N = 2$)，且每幅图像可以拉伸成一个行矢量。将两幅图像拉伸的行矢量排列成一个矩阵 $\boldsymbol{P}$，计算 $\boldsymbol{P}$ 的协

方差矩阵 $\boldsymbol{C}$，然后可以得到协方差 $\boldsymbol{C}$ 的特征向量和特征值 λ_1，λ_2。权值可以定义为

$$W^n(x, y) = \frac{\lambda_n}{\lambda_1 + \lambda_2} \quad (n = 1, 2) \tag{4-3}$$

从性能上来看，PCA 方法通常选择一幅源图像中的显著性特征，而不是融合两幅图像中的显著性特征。这种算法的主要局限性是用全局方差作为显著性度量，从而会给方差较大的源图赋予较大的权值。PCA 方法对噪声以及其他一些会对全局方差产生影响的缺陷比较敏感。若参与融合的源图像之间具有低的相关性，则 PCA 方法得到的融合结果不能提供很好的细节信息。能将源图像的细节合成至融合图像中的方法是首选的，这正是基于金字塔的融合方法受欢迎的原因。

4.2.3　Kalman 方法

近年来，基于多级树的多尺度自回归模型被提议用于数据融合。多尺度滤波的关键是将尺度作为独立变量（和时间一样），这种方法可以认为是 Kalman 滤波的扩展，称为多尺度卡尔曼滤波[79]。可以把一幅图像从粗糙分辨率分解至精细分辨率：在粗糙分辨率尺度，信号由一个值组成；在下一分辨率尺度，将有 $q = 4$ 个值；在第 m 分辨率尺度，将得到 q^m 个值。多尺度代表值可以由索引集合 (m, i, j) 描述，m 代表尺度，(i, j) 为位置索引。为描述该模型，采用绝对索引 λ 代表分解数的节点，$\gamma\lambda$ 作为 λ 的父节点。多尺度卡尔曼滤波技术通过观测值 $\boldsymbol{Y}(\lambda)$ 利用多尺度模型获取状态 $\boldsymbol{X}(\lambda)$ 的最优估计。该方法分为两个步骤：向下和向上。多尺度向下（粗糙-精细分辨率）模型描述为：

$$\boldsymbol{X}(\lambda) = \boldsymbol{A}(\lambda) \cdot \boldsymbol{X}(\gamma\lambda) + \boldsymbol{B}(\lambda) \cdot \boldsymbol{W}(\lambda) \tag{4-4}$$

$$\boldsymbol{Y}(\lambda) = \boldsymbol{C}(\lambda) \cdot \boldsymbol{X}(\lambda) + \boldsymbol{V}(\lambda) \tag{4-5}$$

式中，$\boldsymbol{X}(\gamma\lambda)$ 代表比 $\boldsymbol{X}(\lambda)$ 粗糙的分辨率尺度的状态值，$\boldsymbol{A}(\lambda) \cdot \boldsymbol{X}(\gamma\lambda)$ 可以认为是精细层的期望，$\boldsymbol{B}(\lambda) \cdot \boldsymbol{W}(\lambda)$ 是新息。$\boldsymbol{Y}(\lambda)$ 是对状态 $\boldsymbol{X}(\lambda)$ 的含噪声的测量值，联合方程(4-4)和方程(4-5)，可以解决状态的估计问题。状态值的协方差矩阵为

$$\boldsymbol{P}_X(\lambda) \equiv E(\boldsymbol{X}(\lambda) \cdot \boldsymbol{X}^{\mathrm{T}}(\lambda)) \tag{4-6}$$

相应地，向上（精细-粗糙分辨率）模型描述为

$$\boldsymbol{X}(\gamma\lambda) = \boldsymbol{F}(\lambda) \cdot \boldsymbol{X}(\lambda) + \overline{\boldsymbol{W}}(\lambda) \tag{4-7}$$

式中

$$F(\lambda) = P_X(\gamma\lambda) \cdot A^{\mathrm{T}}(\lambda) \cdot P_X^{-1}(\lambda) \tag{4-8}$$

4.2.4 金字塔方法

像素平均的融合方法的局限性导致了多分辨率图像融合方法的发展，其基本思路是在不同的分辨率上提取每幅源图的显著性特征，如边缘或纹理等，并智能地结合这些特征，得到融合图像。金字塔分解是最早把这种构想付诸实践的一种方法，后来才出现了类似构想的小波变换方法。它们与基于比率的方法相比，能够产生更高对比度的图像，并具有更大的信息量。

金字塔方法首先将源图像变换至金字塔域，然后从各金字塔选择系数构建一个融合金字塔，再经过金字塔逆变换得到融合图像。金字塔的构造方式随应用而变：当应用这种方法分解数据时，金字塔域由分解数据构成，也就是说金字塔系数由分解技术提供。由于分解系数代表了不同分辨率的输入数据，而且数据尺寸随着分解层的增加而减小，所以数据变换结构可由金字塔表示。

金字塔分解过程中主要对空间域的数据信息感兴趣，在金字塔域进行融合处理之后，有必要将融合数据转换至原始域，这一步由逆变换完成。基于金字塔的融合技术因金字塔的构造不同而有所不同。

图像的金字塔分解的概念最早于 20 世纪 80 年代初期被提出，用于提取图像中的多分辨率信息，反映人类视觉系统的多尺度处理。图像的金字塔实质上就是包含一系列低通或者带通的数据结构。每个都表示了不同尺度的模式信息。最基本的例子是高斯金字塔（Gaussian pyramid），通过高斯核对源图像 G_0 进行卷积获得。经过滤波的图像再进行选择隔行隔列的降采样，产生新图像 G ，其具有原始图像一半大小的尺寸。

（1）Laplace 金字塔方法

金字塔方法都基于高斯分解，高斯金字塔可由以下步骤构造。

假设源图像 G_0 为高斯金字塔的底层，则高斯金字塔的第 l 层图像 G_l 为

$$G_l = \sum_{m=-2}^{2} \sum_{n=-2}^{2} w(m, n)G_{l-1}(2i + m, 2j + n)(0 < l \leqslant N, 0 < i \leqslant C_l, 0 < j \leqslant R_l)$$

$$\tag{4-9}$$

式中，N——高斯金字塔顶层的层号；

C_l , R_l——高斯金字塔第 l 层的行数和列数；

G_{l-1} ——第 $l-1$ 层的图像；

$w(m,n)$ ——一个具有低通特性的窗口函数，表示为

$$w(m,n) = \frac{1}{256}\begin{bmatrix} 1 & 4 & 6 & 4 & 1 \\ 4 & 16 & 24 & 16 & 4 \\ 6 & 24 & 36 & 24 & 6 \\ 4 & 16 & 24 & 16 & 4 \\ 1 & 4 & 6 & 4 & 1 \end{bmatrix} \tag{4-10}$$

基于高斯分解，将 G_l 内插，得到放大的图像 G_l^*，使 G_l^* 和 G_{l-1} 具有相同的尺寸，内插图像表示为

$$G_l^*(i,j) = 4\sum_{m=-2}^{2}\sum_{n=-2}^{2} w(m,n)G_l\left(\frac{i+m}{2},\frac{j+n}{2}\right) \ (0 < l \leqslant N, 0 < i \leqslant C_l, 0 < j \leqslant R_l) \tag{4-11}$$

式中

$$G_l\left(\frac{i+m}{2},\frac{j+n}{2}\right) = \begin{cases} G_l\left(\dfrac{i+m}{2},\dfrac{j+n}{2}\right), & \text{若 } \dfrac{i+m}{2} \text{ 和 } \dfrac{j+n}{2} \text{ 为整数} \\ 0, & \text{其他} \end{cases} \tag{4-12}$$

于是，Laplace 金字塔由相邻两层的差值得到：

$$\left.\begin{array}{ll} LP_l = G_l - G_{l+1}^*, & 0 \leqslant l < N \\ LP_N = G_N, & l = N \end{array}\right\} \tag{4-13}$$

LP_0，LP_1，$\cdots$，LP_N 构成的金字塔即为 Laplace 金字塔。图像的重要特征（如边缘信息）被分解至 Laplace 金字塔的不同分解层[80]。每一层图像是同一层高斯金字塔和上一层内插图像的差。这个过程就像带通滤波，所以 Laplace 金字塔也被称为带通金字塔分解。

由 Laplace 金字塔重构原图像过程为

$$\left.\begin{array}{ll} G_N = LP_N, & l = N \\ G_l = LP_l + G_{l+1}^*, & 0 \leqslant l < N \end{array}\right\} \tag{4-14}$$

（2）梯度金字塔方法

梯度算子也可用于对高斯金字塔的各层进行操作。梯度金字塔将为各层高斯金字塔生成水平、垂直和对角线金字塔集合。

除了图像高斯金字塔的顶层外，对其他各层分别进行 4 个方向的梯度方向

滤波，得到梯度金字塔分解为

$$GP_{l, k} = d_k * (G_l + \dot{w} * G_l) \quad (1 \leq l < N, \, k = 1, \, 2, \, 3, \, 4) \quad (4-15)$$

式中，$GP_{l, k}$——第 l 层第 k 个方向梯度金字塔分解图像；

　　　k——方向梯度滤波的下标，$k = 1, \, 2, \, 3, \, 4$ 分别对应水平、45°对角线、垂直、135°对角线 4 个方向；

　　　$*$——卷积；

　　　d_k——第 k 个方向上的梯度滤波算子，定义为

$$d_1 = [1, \, -1], \, d_2 = \frac{1}{\sqrt{2}}\begin{bmatrix} 0 & -1 \\ 1 & 0 \end{bmatrix}, \, d_3 = \begin{bmatrix} -1 \\ 1 \end{bmatrix}, \, d_4 = \frac{1}{\sqrt{2}}\begin{bmatrix} -1 & 0 \\ 0 & 1 \end{bmatrix}$$

$$(4-16)$$

　　　$\dot{w}$——一个大小为 3×3 的核，并满足 $w = \dot{w} * \dot{w}$。若 $\dot{w}$ 定义为

$$\dot{w} = \frac{1}{16}\begin{bmatrix} 1 & 2 & 1 \\ 2 & 4 & 2 \\ 1 & 2 & 1 \end{bmatrix} \quad (4-17)$$

则 w 即为式 (4-10) 中的窗口函数。

可以看出，除了顶层外，梯度金字塔的每一分解层均包含水平、垂直及两个对角线方向细节和边缘信息的 4 个分解图像。

为重构原图像，首先建立一个方向 Laplace 金字塔图像 $LP_{l, k}$：

$$LP_{l, k} = -\frac{1}{8}d_k * GP_{l, k} \quad (4-18)$$

再将方向 Laplace 金字塔图像变换为 FSD (filter-subtract-decimate) Laplace 金字塔图像 $\hat{L}_l = \sum_{k=1}^{4} LP_{l, k}$。按照 Laplace 金字塔重构方式由 FSD Laplace 金字塔重构得到原图像。

（3）对比度金字塔方法

对比度金字塔由内插图像与原图像的比率构造，其分解过程为

$$\left. \begin{aligned} CP_l &= \frac{G_l}{G_{l+1}^*}, \quad 0 < l < N \\ CP_N &= G_N, \qquad l = N \end{aligned} \right\} \quad (4-19)$$

重构过程为

$$\left.\begin{array}{ll} \boldsymbol{G}_N = \boldsymbol{CP}_N, & l = N \\ \boldsymbol{G}_l = (\boldsymbol{CP}_l + \boldsymbol{I})\boldsymbol{G}_{l+1}^{*}, & 0 < l < N \end{array}\right\} \qquad (4\text{-}20)$$

4.2.5　小波变换方法

小波(wavelet)变换最初出现于20世纪90年代中期,90年代末期已经广泛应用于图像编码、模式匹配和分形(fractal)分析中。离散小波变换(discrete wavelet transform, DWT)和傅里叶变换相似,然而在小波中要选择一个函数的膨胀或变换构成母小波,而不是简单的正弦函数,可以同时表示空间频率和光谱频率。和标准的金字塔分解方法相比,小波变换方法具有以下几个方面的优势:

① 小波分解过程中引入了空间方向,而金字塔分解则没有;

② 小波变换可以通过选择母小波和高通低通滤波器在抑制噪声的同时,提取显著的纹理和边缘特征等;

③ 小波分解的不同尺度具有很高的独立性,而金字塔分解的表示是相互关联的。

(1)小波变换

图4-1描述了二维离散小波框架分解和重构的过程。二维离散小波框架变换等价于行方向和列方向分别进行一维的离散小波框架变换。实际应用中,对图像进行离散小波框架分解时,首先利用低通和高通滤波器对图像沿行方向进行一维分解,然后沿列方向进行一维分解。这样,每一层分解可得到4个子带图像(以第 i 层子带图像 LL_i 分解为例):水平和垂直方向均为低频的子带图像 LL^{i+1};水平方向低频、垂直方向高频的子带 LH^{i+1};水平方向高频、垂直方向低频的子带 HL^{i+1};以及水平和垂直方向均为高频的子带 HH^{i+1}。其中,水平和垂直方向均为低频的子带图像 LL^{i+1} 为近似信号(尺度帧),其余三个子带信号称为细节信号(小波帧),近似信号又可以进行更深层的分解。重构为分解的逆过程。

小波变换基于局部频率特性将图像分解至各个通道,并在保持多极化多波段图像的光谱特性方面表现出了优良性能。小波变换的中心思想是:通过将信号映射为一系列所选小波的压缩(高频)和细节(低频)描述,对信号进行分解。离散小波变换类似于图像金字塔。主要区别在于:图像金字塔将生成一个变换系数的完全集合,而小波变换生成一个非冗余图像描述。小波变换已经被很好

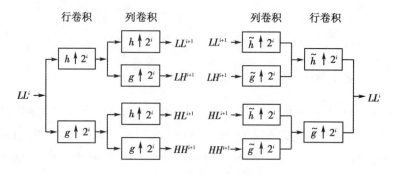

图 4-1　二维离散小波框架分解和重构的一个阶段

地用于视频噪声压缩[81]和视频编码[82]。

小波分解可以被描述为：假设有一个空间序列 $\{v_j^2\}_{j\in z}$ ，$v_{j+1}^2 = v_j^2 \oplus w_j^2$ ，其中，v_j^2 是信号的近似，尺度为 2^j ，或者说是信号的低频分量；w_j^2 是信号的细节部分，即 v_{j+1}^2 和 v_j^2 之间的差，或者说是信号的高频分量。图像在 v_j^2 空间上的映射为

$$f(x, y) = A_j f(x, y) = A_{j-1} f + D_{j-1}^1 f + D_{j-1}^2 f + D_{j-1}^3 f \tag{4-21}$$

通常，所有的变换域融合技术，变换图像都与变换域中的融合规则结合在一起，然后变换至原始空间域得到最终的融合图像。对两幅已经配准的输入的图像 $I_1(x, y)$ 和 $I_2(x, y)$ 进行小波变换 ω ，融合规则为 ϕ ，再计算逆小波变换 ω^{-1} ，即可得到融合后的图像 $I(x, y)$ ：

$$I(x, y) = \omega^{-1}(\phi(\omega(I_1(x, y)), \omega(I_2(x, y)))) \tag{4-22}$$

（2）复小波变换

离散小波变换是信号和图像处理的一种有效工具，而且与单纯的像素选择方法和其他变换方法相比，利用实数小波变换进行图像融合已经被证明能取得良好效果[83]。离散小波变换（DWT）通常能得到比较好的融合结果，且计算速度比较快，但是由于在计算过程中进行了降采样，因而不具有平移不变性（shift invariant）。这会影响到融合规则中小波系数的比较，因为系数大小并不反映该点的真实内容。

实数小波变换具有以下三个缺点：平移敏感性，差的方向性，以及缺乏相位信息[84]。为提高平移稳定性，复数小波变换应运而生[85-86]。Nikolov 等人[87]介绍了双通树复数小波变换（DT-CWT）在图像融合中的应用。与实数小波变换的平移敏感性相比，DT-CWT 不仅具有近似平移稳定性，而且具有双倍的方向选择性。平移稳定性对融合变换来说是很重要的。改进的方向选择性对反映图

像边界及其他重要方向特征也是很重要的。

双树复小波变换与常规的复小波变换不同，它独立地使用两棵实滤波树来生成小波系数的实部和虚部。图 4-2 给出了一维信号的四层双树复小波分解的示意图。它包含了两个平行的实小波树，即树 a 和树 b 两个分支。树 a 和树 b 分别产生小波系数的实部和虚部。需要注意的是，双树复小波变换中所有的滤波器都是实值滤波器，仅当两棵树合并时才出现复系数。

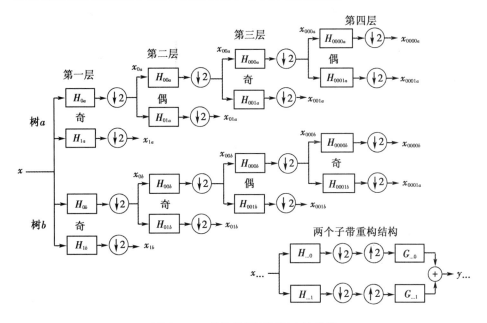

图 4-2　一维信号的双树复小波分解

图 4-2 中成功进行双树复小波分解的关键在于两棵树使用的滤波器不同。在第一层分解时，两棵树使用奇数长度的滤波器，并且两棵树分别对信号的奇数采样位置和偶数采样位置进行滤波(例如 H_{0a} 和 H_{1b} 对奇数采样位置滤波，H_{1a} 和滤波器 H_{0b} 对偶数采样位置滤波)。即如果两棵树滤波器之间的延迟恰好是一个采样间隔，那么就可以确保 b 树中第一层的向下采样取到 a 树中因隔点采样运算而舍弃的、不能保留的采样值。换句话说，这等价于不进行下采样的离散小波变换(如小波框架)。

在包括第二层的高层分解时，为了保证两棵树输出的所有样值序列都具有一个样值间隔(所有这些样值都来自两棵树的第一层原始输入)，一棵树中的滤波器必须与另一棵树中的滤波器之间保持相对于各自采样速率的半个样值间隔的差距。对于线性相位滤波器而言，这就要求一棵树中的滤波器应当为奇数长，而另一棵树中的滤波器为偶数长。如果在每棵树的不同层次间交替采用奇偶滤波器，那么这两棵树将会呈现好的对称性。

为了实现如图 4-2 所示的双树复小波变换的反变换运算，可以通过对图中的每棵树都使用传统实小波树中所使用的、具有完全重构性的双正交滤波器，来实现其各自的反变换运算。在重建图像的最后，需要对两棵树的输出结果进行平均，从而抑制信号的混叠成分，保证整个系统近似的平移不变性。

如果仅仅从完全重构这个角度来看，双树复小波变换与常规的复小波变换完全不同。但是，如果将图 4-2 中的两棵小波树的输出分别解释为经由复小波变换而得到系数的实部和虚部，这种变换就可以被看作"复小波变换"。如果二元树复小波变换中的滤波器取自能够保证完全重构性的、线性相位的双正交滤波器组，并且保证奇数长的高通滤波器关于其采样序列的中点偶对称，而偶数长的高通滤波器关于其采样序列的中点奇对称，那么，由双树复小波变换得到的冲激响应将与复小波变换得到的实部和虚部看起来十分近似。

4.3 像素级图像融合质量评价

在遥感图像的融合研究中，已经使用了很多的融合方法。对同一对象，不同的融合方法可以得到不同的融合效果，即可以得到不同的融合图像。如何评价融合效果，即如何评价融合图像的质量，是图像融合的一个重要步骤。当前图像融合效果的评价问题一直没有得到很好的解决，原因是同一融合算法对不同类型的图像，其融合效果不同；同一融合算法，对同一图像，观察者感兴趣的部分不同，则会认为效果不同；不同的应用方面，对图像各项参数的要求不同，导致选取的评价方法不同。

通常，对图像融合方法的基本要求是：在保留来自源图像的所有有用信息的同时，不引入对后续处理造成干扰的伪轮廓或其他虚假信息，并且该融合方法要具有较好的可靠性和鲁棒性。为衡量一种图像融合方法满足上述要求的程度，需要对该方法得到的融合图像的质量和性能进行评价。

图像融合的质量和性能评价主要分为两类：主观评价和客观评价。目前，图像融合的评价仍然缺乏统一的标准。通常采用主观视觉判断为主、客观定量分析为辅的原则，也就是说，如果能用主观视觉明显感觉出图像质量的区别，那么以主观视觉作为融合效果优劣的判断标准。

主观评价，即主观视觉判断法，是由判读人员直接用肉眼对融合图像的质量进行评估，根据人的主观感觉和观察者主观感觉的统计结果对图像质量的优劣作出评判。例如，可以采用主观评价方法来判断融合图像的对比度是否降低、图像中边缘是否清晰等。

由于主观评价方法受到观察者、图像类型、应用场合和环境条件等因素的影响较大，因此只在统计上具有意义。主观评价方法选用的观察者通常分为两类，即未受训练的"外行"观察者和训练有素的"内行"观察者。对一般"外行"来讲，多采用质量尺度；而对专业人员来讲，则多采用妨碍尺度。为了保证图像主观评价在统计上有意义，参加评价的观察者应足够多。

主观评价方法最简单常用，但由于人眼对图像中的各种变化并非都很敏感，并且质量的评定很大程度上取决于观察者（如观察者的心理状态、经验和喜好等），因此这种评价具有主观性和片面性。

为了能够更客观地评价一种图像融合方法的有效性，需要使用客观的评价指标对融合图像进行定量分析。客观评价方法利用某种数学算法模拟人眼对融合图像的视觉感知，从而对融合图像的质量作出定量评价，以降低主观因素对融合性能评价的影响。通常，希望所使用的客观评价指标能够反映融合图像中包含的重要可视信息，并且能评价融合方法在转移源图像重要信息方面的能力，最终使得客观评价结果与主观评价结果相一致。目前已有的客观评价指标有很多，主要可以分为基于融合图像统计特征的评价指标和基于理想图像的评价指标。图像融合质量常用的客观评价指标主要包括均方根误差、平均误差、灰度标准差、熵、熵差、交叉熵、互信息等。

在传统的图像评价过程中，通常需要利用参考图像，然而在实际的应用处理中，很难得到标准参考图像，因此寻找不依赖于参考图像的融合效果评价体系显得十分必要。在目前的融合效果评价指标体系中，与参考图像无关的评价指标包括体现图像清晰度的平均梯度、空间频率和体现图像分辨率的标准偏差[88]。另外，峰值信噪比能够反映融合图像抑制噪声的效果，在没有参考图像的情况下，峰值信噪比的计算采用文献[89]中的方法。

平均梯度可用来评价图像的清晰程度。一幅图像在某一方向的灰度变化率越大，梯度就越大，则图像越清晰，定义为

$$g = \frac{1}{(M-1)(N-1)} \cdot$$

$$\sum_{x=1}^{M-1} \sum_{y=1}^{N-1} \sqrt{((f(x,y) - f(x, y+1))^2 + (f(x,y) - f(x+1, y))^2)/2}$$

$$(4-23)$$

空间频率反映一幅图像空间的总体活跃程度，其值越大，反映图像越清晰，定义为

$$SF = \sqrt{RF^2 + CF^2} \tag{4-24}$$

其中，$RF = \sqrt{\dfrac{1}{MN}\sum\limits_{x=1}^{M}\sum\limits_{y=1}^{N}(f(x,y)-f(x,y-1))^2}$ 是行频率，$CF = \sqrt{\dfrac{1}{MN}\sum\limits_{x=1}^{M}\sum\limits_{y=1}^{N}(f(x,y)-f(x-1,y))^2}$ 是列频率。

标准差反映了图像空间分辨率的能力，其值越大，灰度分布越分散，图像反差越大，可看出更多信息，定义为

$$\sigma = \sqrt{\dfrac{\sum\limits_{x=1}^{M}\sum\limits_{y=1}^{N}(f(x,y)-\bar{f})^2}{MN}} \tag{4-25}$$

其中，$\bar{f}$ 是图像的灰度均值，$\bar{f} = \dfrac{\sum\limits_{x=1}^{M}\sum\limits_{y=1}^{N}f(x,y)}{MN}$ 。

峰值信噪比（PSNR）能够反映融合图像抑制噪声的效果，峰值信噪比越大，抑制噪声的能力越强。一种近似的估计算法是先计算融合图像的局部方差：

$$\sigma^2(x,y) = \dfrac{1}{(2P+1)(2Q+1)}\sum\limits_{k=-P}^{P}\sum\limits_{l=-Q}^{Q}(f(x+k,y+l)-\mu(x,y))^2 \tag{4-26}$$

其中，$\mu(x,y) = \dfrac{1}{(2P+1)(2Q+1)}\sum\limits_{k=-P}^{P}\sum\limits_{l=-Q}^{Q}f(x+k,y+l)$ 是局部均值。再用图像局部方差的最大值和最小值之比作为图像信噪比的估计。

4.4 配准误差对融合效果的影响

采用两组 SAR 图像进行实验，如图 4-3 所示。第一组 SAR 图像来源于 ERS-1 和 ERS-2 并经过多视处理；第二组为机载 SAR 图像，分辨率为 5m。

本节重点研究配准误差对像素级图像融合效果的影响，涉及的融合方法有均值融合（average）、梯度金字塔（Gradient pyramid）、对比度金字塔（Contrast pyramid）、Laplace 金字塔（Laplace pyramid）、小波变换方法（wavelet transform）、

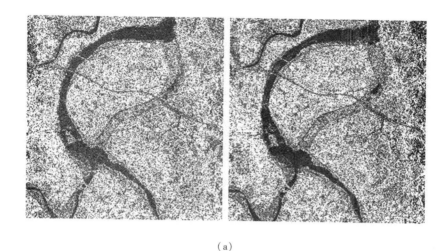

（a）

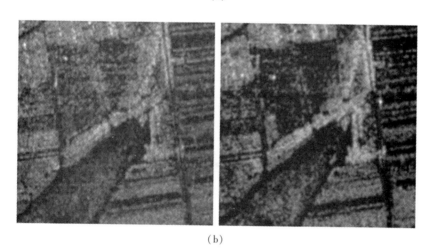

（b）

图 4-3 两组 SAR 图像源

卡尔曼方法（Kalman）、复小波变换方法（complex wavelet）、PCA 方法以及小波与 PCA 结合方法（DWT-PCA），并采用平均梯度、空间频率、峰值信噪比、标准差对融合效果进行评价。

对基于分解的融合方法，分别对各层采用如下融合规则：对 Laplace 和梯度金字塔方法的各层取平均；对比度金字塔方法取绝对值大者；小波变换和复小波变换方法低频取平均，高频取绝对值大者。

将配准误差在 0 和 2 个像素之间变化，也即逐渐降低配准精度，图 4-4 和图 4-6 给出了 0.1 个像素配准情况下的融合输出结果图。表 4-1 和表 4-2 给出了相应的融合评价结果。将所有的评价参数取平均，得到一个综合评价参数。图 4-5 和图 4-7 给出了各配准情况下各融合方法得到的综合评价结果。

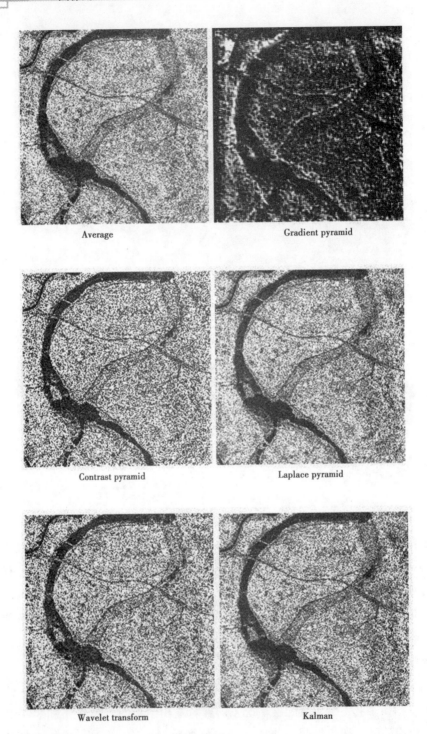

Average

Gradient pyramid

Contrast pyramid

Laplace pyramid

Wavelet transform

Kalman

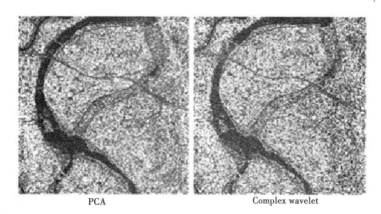

PCA　　　　　　　　　　　Complex wavelet

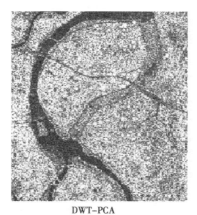

DWT-PCA

图4-4　0.1个像素配准误差情况下的融合结果图(a)

表4-1　　　0.1个像素配准误差情况下各方法融合结果评价(a)

	g	SF	PSNR	σ
Average	58.1683	95.6569	74.1600	68.3729
PCA	61.4630	101.1852	67.8551	72.6111
Gradient pyramid	39.0993	75.8276	102.5002	66.5070
Contrast pyramid	86.3656	143.4297	102.5248	86.6654
Laplace pyramid	58.1683	95.6569	74.1600	68.3729
Wavelet transform	83.3305	136.9362	103.7730	85.2351
Complex wavelet	79.2152	132.2416	102.3487	81.4988
Kalman	61.7201	101.5824	73.3152	70.7300
DWT-PCA	63.0415	103.7264	57.3661	70.5991

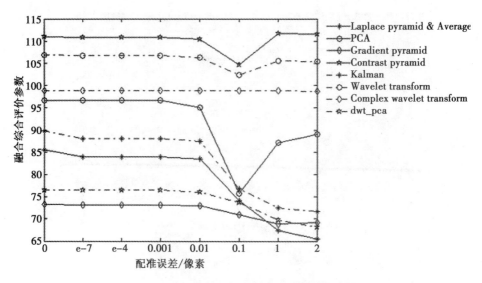

图 4-5　不同配准误差情况下各融合方法综合评价结果(a)

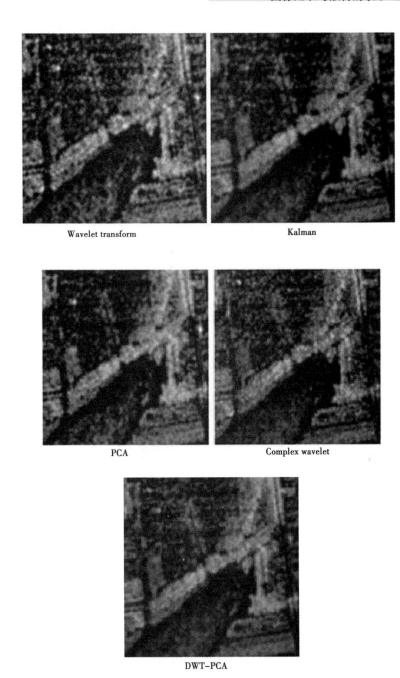

图 4-6   0.1 个像素配准误差情况下的融合结果图(b)

表 4-2 　　　　　0.1 个像素配准误差情况下各方法融合结果评价(b)

	g	SF	PSNR	σ
Average	8.4216	16.6799	73.5225	44.6226
PCA	9.5550	18.4291	86.6457	53.5254
Gradient pyramid	10.7542	23.5932	97.4396	44.9544
Contrast pyramid	15.5472	30.2760	97.9841	58.9658
Laplace pyramid	8.4216	16.6799	73.5225	44.6226
Wavelet transform	12.6942	23.0024	92.5030	51.3161
Complex wavelet	9.8767	18.7492	87.6925	44.7266
Kalman	9.0002	17.3400	85.0752	48.1886
DWT-PCA	8.8076	17.2536	67.3812	44.7882

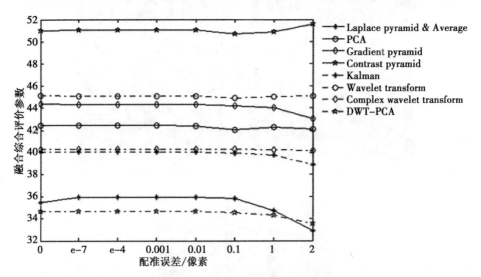

图 4-7　不同配准误差情况下各融合方法综合评价结果(b)

对融合结果进行分析,可以发现,对比度金字塔融合效果比较突出,小波变换融合结果比对比度金字塔方法略差,但是小波方法运算速度较快。当图像配准误差在 0.01 个像素以内时,采用的各种方法均能保持精确配准时的融合效果。当配准误差在 0.1 个像素时,采用均值融合、Kalman 融合、Laplace 金字塔方法以及 DWT-PCA 的融合质量均较明显地下降,梯度金字塔、对比度金字塔、小波变换和复小波变换的融合效果下降相对缓慢一些。其中,对比度金字塔、小波变换融合方法对配准要求低,当配准误差达到 1 个像素时,能保持良好的融合效果，甚至某些指标还高于精确配准时（配准误差达到 0.1 个像素时融合效果降低，但之后融合效果又有所回升），说明配准误差对对比度金字塔、小波变换融合方法的影响较小。当图像质量不同时，梯度金字塔的融合结果有所不同，当图像源的对比度大时，梯度金字塔的融合结果比均值融合和 Laplace 的融合结果要好；相反，则前者差于后者。PCA 方法具有与对比度金字塔方法和小波变换方法相似的曲线趋势，但是其融合性能不够好。复小波变换方法对配准误差最不敏感，可以看到当配准误差变化时，复小波变换的融合性能几乎不变，然而，复小波变换方法的融合效果并不突出。

另外，还可以看到均值融合方法与 Laplace 金字塔方法的融合效果是一样的，原因是 Laplace 金字塔是线性分解，并且本书中对其融合规则采用的是取平均，故均值融合方法与 Laplace 金字塔方法是等效的，若改变融合规则，结果将会有所不同。

4.5　本章小结

通过调整配准误差，对各种融合方法结果进行分析，发现对比度金字塔融合方法对配准要求最低，当配准误差达到 1 甚至 2 个像素时也能保持良好的融合效果。从各项指标来看，对比度金字塔的融合效果也优于其他方法；小波变换融合方法对配准要求与对比度金字塔融合方法一致，效果略低于对比度金字塔的融合效果，但融合速度快。另外，通过研究配准误差对 SAR 与 SAR 图像像素级融合的影响发现：一些方法的融合结果的平均梯度随着配准误差的增大而减小，根据这一特点，可以对 SAR 图像配准过程得到一种新的途径。即对图像进行简单的平均融合，再选用一种简单的融合评价指标（如平均梯度）。利用融合结果进行图像配准将在下一章中具体介绍。

5　图像配准方法

　　综合利用、处理多源遥感图像数据的融合理论与方法的需求越来越大，其中，配准是遥感图像融合中重要的预处理步骤。上一章研究了图像配准与融合间的联系，并将得到第 5.4.1 节中的规律，从而引出本章基于融合的配准新算法。本章分析图像配准三类方法的特点和存在的问题，另外重点研究遥感图像融合与图像配准位置之间的关系，发现融合后图像的平均梯度随配准偏差变化的规律。在此基础上，将图像配准与后续的图像融合结合起来考虑，提出了基于融合结果进行准确配准的新方法。为了降低计算的复杂性，定义了新的融合图像和平均梯度计算公式。

5.1　引　言

　　遥感技术自 20 世纪 60 年代末第一颗人造地球资源卫星发射以来，得到了快速发展，并在世界各国的民用、军事等领域内发挥着日益重要的作用。由于目前遥感卫星的地面分辨率越来越高，同时，多平台、多时相、多光谱和多分辨率遥感影像数据正以惊人的数量快速涌来，很自然地产生了对综合利用、处理多源遥感图像数据的融合理论与方法的需求，且应用范围也越来越广。图像融合是信息融合的一个重要分支，信息融合的前提是目标的相互关联，在图像融合中体现为图像间的配准。图像配准即将不同时间、不同视角、不同设备获得的两幅或多幅图像重叠复合的过程。准确地说，图像配准的目标就是找到把一幅图像中的点映射到另一幅图像中的对应点的最佳变换。

　　遥感图像配准是遥感图像融合中至关重要的预处理步骤，寻找适应性强、精度高、计算快的配准算法一直是研究的核心问题[90]。遥感图像的配准是制约其融合应用的关键因素，因此，针对图像配准问题展开进一步研究是很有意义的。

　　迄今为止，图像配准问题研究与应用得最多的是医学图像，遥感图像的配准研究相对比较少，其中又以光学遥感图像的配准研究为主。以往的研究都是将图像配准独立进行的，并不考虑配准对后续图像处理步骤的影响，而本书将图像融合与配准综合起来考虑，形成反馈，通过研究融合结果与配准间的联系提出了新的配准思路。

接下来，第 5.2 节介绍图像配准的原理；第 5.3 节介绍现有的图像配准方法及其特点；第 5.4 节介绍本研究的融合与配准间的联系以及由此引出的基于融合结果的配准新方法，其中，第 5.4.3 节是基于新配准方法的实验过程与结果。

5.2 图像配准原理

5.2.1 图像配准的数学描述

如果将图像表示为一个二维序列，用 $I_1(x, y)$，$I_2(x, y)$ 分别表示待配准图像和参考图像在点 (x, y) 处的灰度值，那么图像 I_1 和 I_2 的配准关系可以表示为

$$I_2(x, y) = g(I_1(f(x, y))) \tag{5-1}$$

式中，f——二维的空间几何变换函数；

g——一维的灰度变换函数。

配准的主要目的是确定最佳的空间变换关系 f 和灰度变换关系 g，使两幅图像在考虑畸变的前提下实现最佳匹配。通常情况下，灰度变换关系的求解并不是必要的，所以寻找空间几何变换关系 f 便成了配准的关键所在，于是，式 (5-1) 可改写为

$$I_2(x, y) = I_1(f(x, y)) \tag{5-2}$$

5.2.2 空间变换模型

空间几何变换函数 f 可用空间变换模型进行描述，是所有配准技术必须考虑的问题。常用的方式有两种。一种是全局变换，将两幅图像之间的空间对应关系用同一个函数表示。这种变换方式为大多数图像配准方法所采用。当全局变换形式不能满足需要时，需要采用局部变换形式。采用这种方式时，两幅图像中不同部分的空间对应关系用不同的函数来描述，适用于在图像中存在非刚

性形变的情形，例如医学图像的配准。不管是全局还是局部变换，常用的空间变换模型主要有刚体变换、仿射变换、投影变换等。图 5-1 显示了这 3 种常见的空间变换模型。

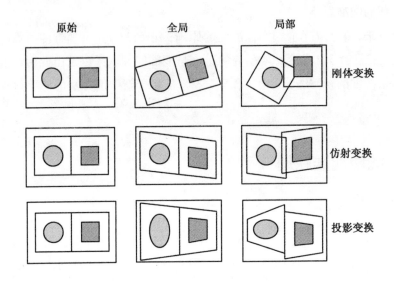

图 5-1　图像配准中使用的空间变换模型

(1)刚体变换模型

刚体变换是平移、旋转与缩放的组合。刚体变换模型下，若点 (x, y)，(x', y') 分别为待配准图像和参考图像中对应的两点，则它们之间满足以下关系：

$$\begin{bmatrix} x' \\ y' \end{bmatrix} = s \begin{bmatrix} \cos\theta & -\sin\theta \\ \sin\theta & \cos\theta \end{bmatrix} \begin{bmatrix} x \\ y \end{bmatrix} + \begin{bmatrix} t_x \\ t_y \end{bmatrix} \tag{5-3}$$

经过刚体变换，图像上物体的形状和相对大小保持不变。

(2)仿射变换模型

仿射变换是配准中常用的一类转换模型。当场景与传感器的距离很大时，成像的图像可认为满足仿射变换模型。仿射变换的数学描述为

$$\begin{bmatrix} x' \\ y' \end{bmatrix} = \begin{bmatrix} a_0 & a_1 \\ b_0 & b_1 \end{bmatrix} \begin{bmatrix} x \\ y \end{bmatrix} + \begin{bmatrix} t_x \\ t_y \end{bmatrix} \tag{5-4}$$

仿射变换具有平行线转换成平行线和有限点映射到有限点的一般特性。

(3)投影变换模型

投影变换模型适用于被拍摄场景是平面的情况。当相机距离被拍摄场景足

够远时，可以将被拍摄场景近似地视为一个平面。这时，可用仿射变换模型来近似投影变换模型。投影变换的数学描述为

$$\left.\begin{array}{l} x' = \dfrac{a_0 + a_1 x + a_2 y}{1 + c_1 x + c_2 y} \\[3mm] y' = \dfrac{b_0 + b_1 x + b_2 y}{1 + c_1 x + c_2 y} \end{array}\right\} \tag{5-5}$$

5.2.3 图像的重采样和变换

在得到变换方程式的参数后，需要对输入图像作相应的几何变换，使之处于同一坐标系下。根据匹配准则选取的不同，可能在参数最优化过程的每一步中都需要进行变换计算。然而，变换得到的结果点不一定对准整数坐标，因此需要对变换后的图像进行重采样和插值。由此可以看出，插值方法的选择影响计算最优化参数的整个过程，最终影响配准结果。

所谓直接法重采样，是指从原始图像上的像素点坐标出发，求出配准后图像上对应的像素点坐标，然后将原始图像上像素点的灰度值赋给配准后图像上对应的像素点；所谓间接法重采样，是指从配准后图像上的像素点坐标出发，求出原始图像上对应的像素点坐标，然后将原始图像上像素点的灰度值赋给配准后图像上对应的像素点。由于计算机中的图像是用栅格离散化表示的，如果用直接法重采样，无法保证原始图像上的输入像素正好能映射到到配准后图像上的输出像素，所以在配准中多用间接重采样法（本书采用的也是间接重采样法）。也就是说，从配准后图像上的输出像素出发，找到原始图像上对应的位置（该位置不一定正好处在数字图像栅格点上），然后利用原始图像上该对应位置周围像素点的灰度值通过插值方法求出该位置的灰度值，最后将求得的灰度值赋给配准后图像上的输入像素点。

常用的插值方法主要有最近邻域方法、双线性插值方法、三次插值方法。3种方法的插值精度从低到高依次为最近邻域、双线性插值、三次插值，而运算速度则正好相反，折中考虑以上两个因素，一般都选用双线性插值方法。下面简单介绍双线性插值方法。

双线性插值方法利用内插点 (x, y) 的 4 个最邻近点 A, B, C, D 的灰度值 $g(A), g(B), g(C), g(D)$ 来确定点 (x, y) 处的灰度值（见图 5-2）：

$$\left.\begin{array}{l} g(E) = (x - i)[g(B) - g(A)] + g(A) \\ g(F) = (x - i)[g(D) - g(C)] + g(C) \end{array}\right\} \tag{5-6}$$

则

$$g(x, y) = (y - j)\big[g(F) - g(E)\big] + g(E) \tag{5-7}$$

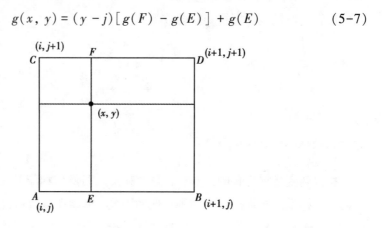

图 5-2　双线性插值示意图

5.3　图像配准方法简介

图像配准是图像处理的一个基础问题，是对取自不同时间、不同传感器或不同视角的同一场景的两幅或多幅图像进行匹配、叠加的过程。准确地说，图像配准的目标就是找到输入图像之间的最佳映射关系。

从配准的过程来看，一般图像的配准可以看成是以下几种要素的结合：特征空间、搜索空间、搜索策略和相似性度量标准。

图像配准的方法大致可分为以下几类：直接利用图像灰度值的方法[91-92]；利用频域的方法[93-96]，如基于快速傅里叶变换的方法；基于图像特征的方法[97-99]，包括低级别特征（如边缘、角点等）和高级别特征（如区域等）的方法。

5.3.1　基于灰度的配准方法

经过几十年的发展，人们提出了许多基于灰度信息的图像配准方法，大致可以分为互相关法、序贯相似检测算法和交互信息法三类。Rosenfeld[100]等于1982 年提出的互相关法是最基本的基于灰度信息的图像配准方法，通常被用于进行模板匹配或模式识别。Barnea 等[101]提出了一种较容易实现的算法，称为序贯相似检测算法（sequential similarity detection algorithms，SSDA），该方法相比互相关法处理速度更快。1995 年，交互信息法由 Viola 等人[102]和 Collignon

等人[103]分别引入图像配准领域,该方法一经提出,就有不少基于此类的研究,尤其是在医学图像配准方面。但交互信息法是建立在概率密度估计的基础上的,有时需要建立参数化的概率密度模型,计算量大,而且要求图像之间有很大的重叠区域。另外,函数可能出现病态,且有大量的局部极值。

基于灰度的配准方法一般不需要对图像进行复杂的预先处理,而是利用图像本身具有的灰度的一些统计信息来度量图像的相似程度,进而实现图像间的配准处理[104]。该处理方法最大的优点在于原理简单、易于实现,对于同类图像且仿射误差较小的情况能够获得很好的处理效果。然而对于异类遥感图像,由于图像灰度特性存在较大的差异,其处理效果并不理想。在最优变换的搜索过程中往往需要巨大的计算量,因此基于灰度的配准方法的研究重点在于减少计算量,提高配准速度。同时,由于处理过程中采用迭代搜索,当仿射误差较大时,其处理速度急剧下降,甚至无法收敛。

5.3.2　基于频域的配准方法

基于频域的配准方法是将傅里叶变换用于图像配准,通过频域特征找到两幅图像间的最优匹配位置,通常将相位相关作为频域特征,利用频域信息进行相关处理,搜索最佳匹配,进而在不需要寻找控制点的情况下实现图像自动配准。该算法有以下几个优点:图像间的平移、旋转和尺度等变换在变换域均有对应量;对抗与频域不相关或独立的噪声,有很好的鲁棒性;由于可以采用现成的 FFT 算法,因此,该配准处理算法在处理速度上具有一定的优势。

基于频域的配准方法也有如下不足:受光照影响大,对灰度变换敏感;在搜索空间会出现很多局部极值点;处理的信息量大,计算复杂度高;对旋转、尺度变换以及遮掩等极为敏感。在实际使用中,该算法需要待配准图像间具有较大的重叠区域,且图像的灰度特征相似,这限制了该处理算法在遥感图像配准过程中的使用。

5.3.3　基于特征的配准方法

基于图像特征的配准处理方法是图像配准方法中的另一大类,首先提取图像中的特征信息,利用提取的特征来进行局部相似性匹配,并通过特征的匹配关系建立图像之间的映射关系,最后通过图像重采样处理来获取匹配的图像对。

相比较而言,由于前两类处理方法过多依赖于图像的灰度特性,制约了它们在遥感图像配准处理中的应用，因此，基于特征的配准处理方法成为遥感图像配准处理的常用方法，其核心在于建立图像特征间的映射关系。

在特征匹配关系建立方面，传统的方法是通过统计局部相关系数或交互信息等统计参数来衡量图像中两点是否一致，但该方法受旋转因子和缩放因子的影响很大，随着缩放因子和旋转因子的增大，其相关性迅速降低。利用仿射不变量进行相似性测试，则依赖于提取完整封闭的边缘轮廓，而这对于遥感图像尤其是雷达图像来说通常很难实现。利用点特征之间的聚集性来实现相似性匹配，则要求各输入图像所提取的点特征具有很高的一致性，对于遥感图像来说，这同样很难实现。因此，如何有效地建立输入图像间的映射关系，成为遥感图像配准处理的难点。

基于特征的图像配准方法一般分为三个步骤进行：特征提取，根据图像性质提取适用于图像配准的几何或灰度特征；特征匹配，将两幅待匹配图像中提取的特征作一一对应，删除没有对应的特征；图像转换及重采样，利用匹配好的特征代入符合图像形变性质的图像转换以最终配准两幅图像。点特征是图像配准中常用到的图像特征之一，其中主要应用的是图像的角点。目前，角点检测算法主要分为两类：一类是基于边缘图像的角点检测算法；一类是基于图像灰度的角点检测。直线段是图像配准中另一个常用的特征，Hough 变换是提取图像中直线的有效方法。随着图像分割、边缘检测技术的发展，基于边缘、轮廓和区域的图像配准方法逐渐成为配准领域的研究热点。

Corvi 等[105]对图像进行小波变换后利用模极大和极小值作为特征点，再用聚类方法得到变换模型的旋转和平移参数的初始值，并用最小距离方法匹配特征点，然后用 LMS 估计图像间的变换参数。Goshtasby 等人[106]最早将分割区域方法用于配准图像，提取闭合区域的重心作为特征点，并对基于区域重心的方法进行了改进，提出了一种区域边界的优化算法，使得两幅图像中相对应的闭合区域有很好的相似性，最终提高以重心作为特征点的精度，使得配准精度达到亚像素级。Ton 等人[98]将图像中片状区域的质心作为特征点，利用松弛迭代法确定特征点间的对应关系，并对 Landsat 图像进行了配准实验。余翔宇等人[107]也利用图像中闭合区域的重心作为特征点，利用 K-L 变换对 SAR 图像和光学图像进行了配准。

总的来说，基于特征的图像配准方法具有一定的鲁棒性。但这类方法完全依赖于图像的特征提取，要求图像必须适合于检测、分割算法，而且必须得到足够多且分布均匀的控制点。

5.4　图像配准新算法

以上介绍了图像配准的一些概况，更多相关信息可参见 Brown[10] 和 Barbara Zitová 等[108] 分别于 1992 年和 2003 年就图像配准涉及的问题进行的综述。基于图像特征的配准方法是近年来进行图像配准最常用的方法，基于此的研究也最多，但其配准前提是假设图像都具有明显特征[109]，配准精度很依赖于特征的提取。对于那些不具备明显特征(如点或线特征)或特征数目不足的图像，配准如何进行？一种选择是基于图像灰度进行配准，基于灰度的图像配准方法不需要对图像作特征提取，而是直接利用全部可用的图像灰度信息，因此能提高估计的精度和鲁棒性[110]。但基于图像灰度的算法，如经典的互相关算法：

$$Corr(I_1, I_2) = \frac{cov(I_1, I_2)}{\delta_{I1}\delta_{I2}}$$

$$= \frac{\sum\sum(I_1(x, y) - \mu_{I1})(I_2(x, y) - \mu_{I2})}{\left[\sum\sum(I_1(x, y) - \mu_{I1})^2 \sum\sum(I_2(x, y) - \mu_{I2})^2\right]^{1/2}}$$

$$(5-8)$$

其计算量大，速度较慢。其中，μ，δ 为图像的均值和方差。如何提高配准速度是基于图像灰度配准算法的研究重点。

以下首先介绍遥感图像融合与配准间的联系，并由此引出基于融合结果的配准新方法。该方法计算简单，与经典的互相关算法相比是一种配准速度较快的基于图像灰度的配准算法。

5.4.1　融合与配准的联系

遥感图像进行融合之前需进行一些预处理，其中必不可少的一步就是图像间的配准。由于要得到高精度的遥感配准图像比较难，从融合的角度来说，就希望融合方法对配准偏差不要太敏感，这样在无法得到严格配准的图像时也能有较好的融合结果。而从配准的角度来说，则希望能够有较稳健的配准方法实现自动的高精度配准，就配准精度而言，精度越高越好；就配准速度而言，速度越快越好。上节中分析的图像配准方法都是将配准独立进行的，而没有将融合过程考虑进去。若利用融合结果来指导配准过程，有望得到新的配准思路，以下主要针对 SAR 图像间的融合结果得到的配准方法加以说明。

本书通过研究发现，对比度金字塔和小波变换融合方法的融合结果对配准偏差比较不敏感，是较理想的融合方法。而均值融合方法对配准偏差最敏感，且融合后图像平均梯度指标随配准偏差的减小而增大，在最佳配准时，融合后图像的平均梯度达到最大值，且明显高于其他位置处融合图像的平均梯度。

图 5-3 中，横坐标代表图像行方向或列方向的配准偏差，纵坐标代表均值融合后图像的平均梯度值。实线对应为：列方向无配准偏差，融合后图像平均梯度随行方向配准偏差变化曲线；虚线对应为：行方向无配准偏差，融合后图像平均梯度随列方向配准偏差变化曲线。说明最佳配准位置对应为融合后图像平均梯度最大值处。

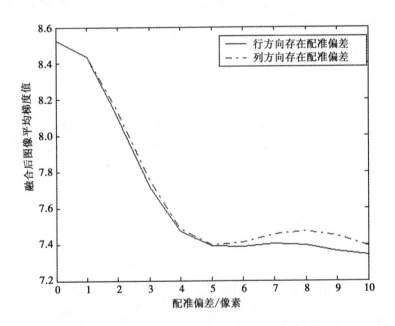

图 5-3　融合后图像平均梯度值随配准偏差变化曲线

5.4.2　基于融合结果的配准方法

根据以上图像融合后平均梯度随配准变化的特点，得到基于融合结果的配准思路为：对图像进行简单的平均融合，再选用平均梯度这一融合评价指标，调整图像的配准点，观察评价指标的变化可以找到最佳配准位置。

对大小为 $M \times N$ 的两幅图像 I_1，I_2 进行均值融合，得到融合图像 F：

$$F(x, y) = [I_1(x, y) + I_2(x, y)]/2 \tag{5-9}$$

对融合图像计算平均梯度 g :

$$g = \frac{1}{(M-1)(N-1)} \cdot$$

$$\sum_{x=1}^{M-1} \sum_{y=1}^{N-1} \sqrt{((F(x, y) - F(x, y+1))^2 + (F(x, y) - F(x+1, y))^2)/2}$$

$$\tag{5-10}$$

此配准思路实质上可以解释为：对于同质图像，当两幅图像没有配准好时，将其叠加融合后的图像将产生重影，图像不清晰；当两幅图像配准好后，图像重叠，叠加后的图像没有重影，图像清晰，而图像平均梯度又是图像清晰度的度量，故融合后图像平均梯度最大值处对应为最佳配准位置。

为进一步提高配准速度，在不改变平均梯度变化趋势的基础上，定义新的平均梯度，计算如下：

$$g = \sum_{x=1}^{M-1} \sum_{y=1}^{N-1} ((F(x, y) - F(x, y+1))^2 + (F(x, y) - F(x+1, y))^2)$$

$$\tag{5-11}$$

其中, F 的计算简化为

$$F(x, y) = I_1(x, y) + I_2(x, y) \tag{5-12}$$

则该配准方法即为在搜索空间内，利用式(5-11)和式(5-12)计算融合后图像平均梯度，使目标函数 g 达到最大。

对 $M \times N$ 大小的待配准图像搜索一次，用该方法先对图像融合进行 MN 次加法运算，求平均梯度时进行 $3(M-1)(N-1)$ 次加法运算和 $2(M-1)(N-1)$ 次乘法运算；传统的互相关系数法见式(5-8)，首先对两幅图像求均值和方差，共需 $6MN$ 次加法运算和 $2MN$ 次乘法运算，求互相关系数还需 $3MN$ 次加法和 MN 次乘法以及 1 次开方和除法运算。表 5-1 为新方法与经典互相关系数法搜索一次加法和乘法计算量比较，可见新方法减少了运算量，有利于提高配准速度。

表 5-1　　　　　　　　　　配准方法计算量比较

算法	加法运算量	乘法运算量
相关系数法	$9MN$	$3MN+2$
本书新方法	$MN+3(M-1)(N-1)$	$2(M-1)(N-1)$

5.4.3　配准过程及实验验证

本节将用两组光学遥感图像进行实验验证。第一组将一幅光学遥感图像作为参考图形，将其移位并加入高斯噪声生成待配准图像；第二组为同一地区获取的两幅光学遥感图像，将其中一幅作为参考图像，另一幅作为待配准图像，通过以下步骤找到待配准图像对应自参考图像中的位置。

配准流程为：

① 初始选定参考图像起始点和搜索范围；

② 分别在行方向与列方向上对参考图像进行平移；

③ 将待配准图像与参考图像的对应区域按照式(5-11)和式(5-12)计算融合后图像的平均梯度 g；

④ 重复步骤②和③，遍历整个搜索范围；

⑤ 得到平均梯度 g 最大对应的平移位置作为最终配准结果。

根据本书的配准方法，得到的配准结果如图 5-4 和图 5-5 所示。为清楚地看到配准效果，对配准结果图中作了相应灰度的处理，以凸显待配准图像在参考图像中的配准位置。图像配准性能验证如表 5-2 所示。

（a）参考图像

（b）待配准图像

（c）配准结果

图 5-4　第一组光学图像配准实验

（a）参考图像　　　　　　　　　　（b）待配准图像

（c）配准结果

图 5-5　第二组光学图像配准实验

表 5-2　　　　　　　　　　　图像配准性能验证

算法	第一组图像配准位置处的相关系数	第二组图像配准位置处的相关系数
相关系数法	0.7287	0.7421
本书的新方法	0.7287	0.7421

可以看出，新方法能保证与相关系数法具有相同的配准性能，是一种有效的遥感图像自动配准方法。

5.5　本章小结

随着航空、航天技术的迅猛发展，遥感图像融合应用的需求越来越大，遥感图像配准是遥感图像融合中最重要的预处理步骤。本章分析了图像配准三类方法的特点和存在的问题，并对基于 Harris 角点特征的配准方法进行了研究。另外，根据融合与配准间的联系，提出了利用融合结果进行配准的思路，此配准方法计算简单，因此配准速度较快。由于新方法是基于灰度的图像配准方法，目前只能处理平移变换图像，但由于遥感图像可以利用成像传感器分辨率、平台飞行方向及图像比例尺等先验信息消除尺寸和旋转变形，故本书的方法对遥感图像配准还是实用的。本书的方法无须作特征提取，且可达到快速配准，在自然场景中无法提取目标特征的情况下，该方法将是一种较好的配准选择。实验结果验证了该新方法的有效性，适用于同质遥感图像的配准。

6 合成孔径雷达图像去遮挡

如前所述，当局部目标以一个大于或等于发射波形的入射角的角度向雷达倾斜时，合成孔径雷达图像上将出现阴影。为了与光学图像的阴影区别开来，本书称 SAR 图像中因地形起伏造成的阴影部分为遮挡，以下将研究基于融合的 SAR 图像去遮挡问题。通过利用融合手段，去除 SAR 图像遮挡，将有利于扩大观测范围，提供观测区域全方位的信息，从而有利于决策者对 (战场) 作出更好的决策。

本章的研究对象为两幅同一区域、不同角度、不同视角的 SAR 图像，源图像含有明显的遮挡区域。遮挡区域是由目标高程遮挡引起的，同时会造成透视收缩形变。首先通过合适的几何校正方法对非平坦区域产生的几何形变进行校正，然后将校正后的两幅 SAR 图像进行配准，再进行像素级融合。用图像分割技术对遮挡区域进行提取，对比融合前后的图像，看融合后的遮挡区域是否消除，以此作为此融合研究的结果评价。本章首先应用第 3 章介绍的定位方法对真实的 SAR 数据进行几何校正验证，再应用第 5 章介绍的配准方法对真实的 SAR 图像进行配准处理，再介绍本章用于去遮挡评价的图像阈值分割方法。在第 6.4 节中将重点应用前述各处理技术，进行基于融合的合成孔径雷达图像去遮挡处理。

6.1 真实 SAR 图像的几何校正

本节将利用第 3 章提出的方法对德国 TerraSAR 真实条带图像数据进行定位并实现几何校正。TerraSAR 卫星计划是于 1997 年启动的，由 TerraSAR-X 和 TerraSAR-L 两颗不同的 SAR 卫星组成，德国已于 2007 年 6 月将 TerraSAR-X 发射升空，设计运行时间为 5 年。TerraSAR-X 是一颗用于科学研究和商业运营的高分辨率 SAR 卫星，由德国教育科技部和德国航天局及 Astrium GmbH 公司三家单位联合研制。其中，德国航天局负责实现卫星控制系统和地面接收、处理、传送数据的设施，以及设备的校准、TerraSAR 数据的科学运用等；Astrium Cm-bH 公司则负责制造和发射卫星，并且为商用客户提供 TerraSAR-X 数据和产品。

（1）TerraSAR-X 主要系统参数

在系统参数和轨道设计方面，TerraSAR-X 重点考虑了干涉测量的需求，在雷达遥感发展史上尚属首例。其采用太阳同步轨道，轨道高度约 514km，轨道倾角 97.4°，重复观测周期为 11d，可以有效地提高雷达干涉数据的相干性。外形近似于六角形的棱柱，长约 5.2m，直径约为 2.3m，发射质量将至少达到 1t。其天线为相控阵天线，尺寸为 4.8m×0.8m×0.15m。TerraSAR-X 是侧视合成孔径雷达，其载波频率为 9.65GHz，波长为 3.2cm，脉冲重复频率为 3~6.5kHz，距离向带宽为 150MHz，天线视向为右侧。

（2）传感器成像模式

TerraSAR-X 有多种成像模式，可以采用单极化、双极化、全极化等不同的极化方式。传感器成像模式几何示意图如图 6-1 所示，其中，图 6-1（a）~（c）分别为聚束成像模式、条带成像模式和宽扫成像模式；H_s，S_o，N_t，S_w 分别表示飞行高度、卫星轨道、近地航向和距离向扫描宽度，入射角范围为 $[\theta_1, \theta_2]$。

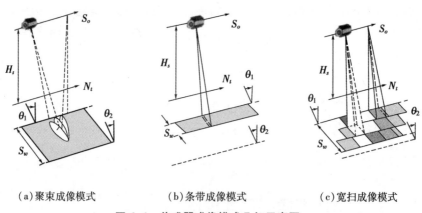

（a）聚束成像模式　　　（b）条带成像模式　　　（c）宽扫成像模式

图 6-1　传感器成像模式几何示意图

雷达工作参数（包括重频、带宽、采样率、X 波段载频中心频率为 9.65GHz）在 SSC 产品的.xml 文件中给出，并提供了起始和终止对应 UTC 时间、场景中心以及 4 个角点对应的入射角。从 TerraSAR 提供的.xml 文件中可以提取以下定位所需参数。

① N_a：总行数。

② N_r：总列数。

③ r_0：第一斜距，单位为 m。

④ F_s：距离向采样频率（Hz）。该参数可用于计算距离向任意像元 j 的斜距 R。

⑤ F_c：雷达发射信号的载频中心频率（Hz）。由此参数得到雷达的工作波长 λ（m）。

⑥ PRF：SAR 脉冲重复频率（Hz）。根据该参数可求得方位向每行对应的成像时间（秒/行），从而建立影像行号与方位向慢时间之间的关系，进而建立行号和卫星状态矢量间的对应关系。

⑦ $\boldsymbol{R}_s$，$\boldsymbol{V}_s$：卫星轨道状态矢量。

TerraSAR 的卫星状态矢量是在地心转动坐标系（地固系）中记录的，一景图像提供了 12 个卫星轨道数据，时间间隔为 10s，并提供了轨道数据对应的 UTC 时间和 GPS 时间。从一景 TerraSAR 数据的元数据中提取的卫星轨道状态数据如表 6-1 所示。

表 6-1　从一景 TerraSAR 数据的元数据中提取的卫星轨道状态数据

名称	符号	单位	取值
第 1 个状态矢量对应的时间（UTC）	t_0	年-月-日	2009-08-03
		时：分：秒	10：02：55.000000
状态矢量个数	N_s	个	12
第 1 个状态矢量	自影像第 1 行的时间	s	10
	位置	m	-2284303.20184798678
		m	5131179.08462590352
		m	3979492.39355368167
	速度	m/s	3248.90000000000009
		m/s	-3319.2900000000000
		m/s	6125.14599999999973
第 2 个状态矢量	自影像第 1 行的时间	s	20
	位置	m	-2251700.39793854952
		m	5097653.84952757880
		m	4040498.98994932603
	速度	m/s	3271.57900000000018
		m/s	-3385.95600000000013
		m/s	6076.05000000000018

续表6-1

名称	符号	单位	取值
⋮	⋮	⋮	⋮
第 12 个状态矢量	自影像第 1 行的时间	s	120
	位置	m	−1914161.65640455158
		m	4726359.96171424817
		m	4622158.42577786744
	速度	m/s	3470.77300000000014
		m/s	−4032.85699999999997
		m/s	5545.29399999999987

⑧ F_{d0}：多普勒中心频率。TerraSAR 提供的距离向多普勒中心频率是个常值，数值为 500Hz。

⑨ R_e，R_p：地球椭球赤道半径、极半径(m)。

这是两个主要的地球椭球参数。一般情况下，星载 SAR 数据产品的元数据中，都给出了 SAR 卫星轨道坐标所处的地心大地坐标系(地惯系或地固系)所采用的地球椭球的参数。

⑩ FlagAscending：升降轨。

⑪ FlagRightLook：左/右视。TerraSAR 设计时，天线视向为右侧视。

⑫ AcquireDate：获取日期。

以上是建立 RD 定位模型所需要的基本参数，其中有些参数可以直接应用于模型的建立及其解算过程。但在模型解算过程中还有一些输入参数或数据需要利用以上参数经过适当运算处理后获得。这些模型参数处理过程将作为模型构建过程的一部分。

另外，TerraSAR 还提供了图像上若干控制点对应的地理位置，本书对 64 个控制点求取对应的地理位置，并将经纬度换算至 UTM 坐标下。本书定位结果与 TerraSAR 提供的结果比较如表 6-2 所示。

表 6-2   TerraSAR 数据定位误差

控制点 ID	控制点位置/(°)		定位误差/m	
	经度	纬度	南北方向误差	东西方向误差
1	39.1397309298585512	11.7789300861643412	0.943151	1.709166
2	39.1404686552145904	11.7794946691314792	0.162873	−0.814407

续表6-2

控制点 ID	控制点位置/(°)		定位误差/m	
	经度	纬度	南北方向误差	东西方向误差
3	39.1412094645726469	11.7800618621159487	-0.162398	-0.741353
4	39.1419494624232911	11.7806286563625918	-0.487874	-0.669433
5	39.1426886513086600	11.7811950533416621	-0.813554	-0.598640
6	39.1434270337567796	11.7817610545153244	-1.139437	-0.528970
7	39.1441646122812585	11.7823266613372681	-1.465522	-0.460414
8	39.1449013893822269	11.7828918752535728	-1.791808	-0.392967
9	39.1441747785208989	11.7788362849106306	1.546008	4.269467
10	39.1449124954543066	11.7794009011085436	0.765192	1.742710
11	39.1456513533781703	11.7799666257456849	0.212302	0.516747
12	39.1463894066669482	11.7805319557393005	-0.340157	-0.706743
13	39.1471285932450286	11.7810983896855319	-0.665839	-0.635946
14	39.1478669733387719	11.7816644277991074	-0.991725	-0.566271
15	39.1486045494619574	11.7822300715339097	-1.317813	-0.497711
16	39.1493413241146513	11.7827953223359643	-1.644102	-0.430260
17	39.1486069272177701	11.7787334468646634	0.783359	-0.963225
18	39.1493485463138455	11.7793011141726311	0.458289	-0.889021
19	39.1500932362520047	11.7798713842204393	0.586995	1.775156
20	39.1508332230930165	11.7804382486687942	0.260926	1.843759
21	39.1515685288619508	11.7810017203742817	-0.518154	-0.673228
22	39.1523069066059648	11.7815677954357980	-0.844042	-0.603549
23	39.1530444803325040	11.7821334760914837	-1.170133	-0.534985
24	39.1537812525415561	11.7826987637872875	-1.496425	-0.467529
25	39.1530468654220769	11.7786366237986314	0.931028	-1.000502
26	39.1537884823623656	11.7792043281722968	0.605955	-0.926294
27	39.1545292850963733	11.7797716322468318	0.280676	-0.853226
28	39.1552731546794277	11.7803415369184634	0.408561	1.806510
29	39.1560123301828895	11.7809080410392895	0.082287	1.873999
30	39.1567487661450997	11.7814726532002183	-0.470311	0.649654
31	39.1574844048922799	11.7820368750081542	-1.022481	-0.572235

续表6-2

控制点 ID	控制点位置/(°)		定位误差/m	
	经度	纬度	南北方向误差	东西方向误差
32	39.1582211746623159	11.7826021996057307	−1.348775	−0.504776
33	39.1574867972868361	11.7785397950415685	1.078668	−1.037756
34	39.1582284120759283	11.7791075364888954	0.753593	−0.963543
35	39.1589692126115168	11.7796748776097246	0.428311	−0.890471
36	39.1597092014502195	11.7802418198828065	0.102824	−0.818534
37	39.1604503169431624	11.7808098625409443	0.003488	0.544393
38	39.1611944850551907	11.7813804976885052	0.355556	4.484186
39	39.1619281822676442	11.7819432565826631	−0.423266	1.968436
40	39.1626610904764689	11.7825056297895912	−1.201154	−0.542000
41	39.1619267228113443	11.7784429605915363	1.226281	−1.074986
42	39.1626683354542138	11.7790107391208068	0.901203	−1.000769
43	39.1634091337958452	11.7795781172957945	0.575919	−0.927693
44	39.1641491203932972	11.7801450965956320	0.250429	−0.855751
45	39.1648882977893251	11.7807116784911528	−0.075265	−0.784937
46	39.1656286010909866	11.7812793604222776	−0.175111	0.575227
47	39.1663719530540320	11.7818496327196243	0.175841	4.508993
48	39.1671048526868049	11.7824120390882797	−0.602575	1.995428
49	39.1663666419949976	11.7783461204467685	1.373867	−1.112194
50	39.1671082524961562	11.7789139360658908	1.048786	−1.037972
51	39.1678490486486837	11.7794813513032295	0.723499	−0.964892
52	39.1685890330097095	11.7800483676379656	0.398006	−0.892946
53	39.1693282081218541	11.7806149865408784	0.072309	−0.822128
54	39.1700665765139178	11.7811812094748049	−0.253590	−0.752431
55	39.1708079998098313	11.7817500265961741	−0.128152	1.894079
56	39.1715447558763188	11.7823154581975146	−0.455035	1.958265
57	39.1708065548371991	11.7782492746053890	1.521425	−1.149378
58	39.1715481632014217	11.7788171273224862	1.196342	−1.075152
59	39.1722889571695276	11.7793845796302108	0.871052	−1.002068
60	39.1730289392987103	11.7799516330078390	0.545556	−0.930117

续表6-2

控制点 ID	控制点位置/(°)		定位误差/m	
	经度	纬度	南北方向误差	东西方向误差
61	39.1737681121317181	11.7805182889262312	0.219857	−0.859295
62	39.1745064781975714	11.7810845488484475	−0.106046	−0.789594
63	39.1752440400106678	11.7816504142289389	−0.432150	−0.721009
64	39.1759846527573288	11.7822188716666446	−0.307522	1.921126

从表6-2可以看出,本书定位结果误差基本在2m以内,由于TerraSAR条带数据的图像分辨率为3m,则本书得到的定位误差可以保证在1个像素以内,本书定位结果对后续进行图像融合处理是十分有利的。图6-2所示为校正前的条带SAR图像,图6-3则为校正后的图像。

图6-2 校正前的 TerraSAR 条带图像

6.2 真实 SAR 图像的配准

利用第5章提出的同质遥感图像的配准方法,本章对两组真实的SAR图像进行配准实验,这两组图像与第4章用于配准融合研究的数据源相同。每组数据源均为覆盖同一区域的两幅不同来源的SAR图像。将其中一幅作为参考图像,另一幅作为待配准图像,找到待配准图像对应在参考图像中的位置。如图

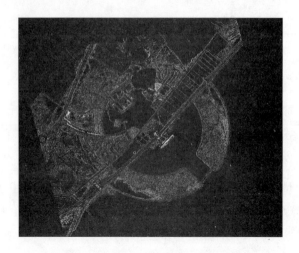

图 6-3　校正后的 TerraSAR 条带图像

6-4、图 6-5 以及表 6-3 和表 6-4 所示。

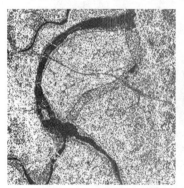

（a）参考图像

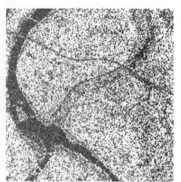

（b）待配准图像

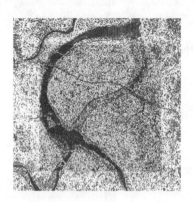

（c）配准结果

图 6-4　第一组 SAR 图像配准实验

表 6-3   第一组图像配准时间比较（待配准图像大小为 216×216）

算法	配准位置处的相关系数	配准时间/s
相关系数法	0.5709	27.7660
本书的新方法	0.5709	4.3120

（a）参考图像   （b）待配准图像

（c）配准结果

图 6-5   第二组 SAR 图像配准实验

表 6-4   第二组图像配准时间比较（待配准图像大小为 256×256）

算法	配准位置处的相关系数	配准时间/s
相关系数法	0.7977	39.1570
本书的新方法	0.7977	6.9380

由表 6-3 和表 6-4 可以看出，新方法在保证与相关系数法相同配准性能的情况下，配准速度明显提高，是一种快速有效的遥感图像自动配准方法。

6.3 图像阈值分割方法介绍

融合评价是与融合处理的目的息息相关的，由于本章融合的目的是去 SAR 图像遮挡，故比较融合前后图像的遮挡区域，用图像分割技术对遮挡区域进行提取，对比融合前后的图像，看融合后的遮挡区域是否消除，适合于作为本章融合目的的结果评价。

图像阈值分割是一种广泛使用的图像分割技术，它利用了图像中提取的目标物与其背景在灰度特性上的差异，把图像视为具有不同灰度级别的两类区域（目标和背景)的组合，选取一个合适的阈值，以确定图像中每一个像素点应该属于目标还是背景区域，从而产生相应的二值图像。

设原始图像 $f(x, y)$，以一定的准则在 $f(x, y)$ 中找出一个合适的灰度值作为阈值 t，则按上述方法分割后的图像 $g(x, y)$ 可由下式表示：

$$g(x, y) = \begin{cases} 1, f(x, y) \geq t \\ 0, f(x, y) < t \end{cases} \tag{6-1}$$

或

$$g(x, y) = \begin{cases} 1, f(x, y) \leq t \\ 0, f(x, y) > t \end{cases} \tag{6-2}$$

另外，还可以将阈值设置一个灰度范围 $[t_1, t_2]$，凡是灰度在此范围内的像素都变为 1，否则皆变为 0，即

$$g(x, y) = \begin{cases} 1, t_1 \leq f(x, y) \leq t_2 \\ 0, \qquad 其他 \end{cases} \tag{6-3}$$

总之，阈值分割的基本原理可用下式表示：

$$g(x, y) = \begin{cases} Z_E, f(x, y) \in Z \\ Z_B, \qquad 其他 \end{cases} \tag{6-4}$$

式中，Z ——阈值，是图像 $f(x, y)$ 灰度级范围内的任一个灰度级集合；

Z_E , Z_B ——任意选定的目标和背景灰度级。

由此可见，要从复杂的景物中分辨出目标并将其形状完整地提取出来，阈值的选取是阈值分割技术的关键。若阈值选得过高，则过多的目标点会被误归为背景；若阈值选得过低，则会出现相反的情况。几种常用的阈值选取方法有直方图阈值分割法、类间方差阈值分割法、二维最大熵值分割法、模糊阈值分割法、共生矩阵阈值分割法等。本书将对类间方差阈值分割法进行介绍和应用。

由 Ostu 提出的最大类间方差法，是在判决分析最小二乘法原理的基础上推导得到的，算法较为简单，是一种受到关注的阈值选取方法。

设原始灰度图像灰度级为 L ，灰度级为 i 的像素点数为 n_i ，则图像的全部像素数为

$$N = n_0 + n_1 + \cdots + n_{L-1}$$

归一化直方图，则

$$p_i = \frac{n_i}{N} , \quad \sum_{i=0}^{L-1} p_i = 1$$

按灰度级用阈值 t 划分为两类：$C_0 = (0, 1, 2, \cdots, t)$ 和 $C_1 = (t+1, t+2, \cdots, L-1)$ 。因此，C_0 和 C_1 类的类出现概率及均值层分别由下式给出：

$$\omega_0 = p_r(C_0) = \sum_{i=0}^{t} p_i = \omega(t) \tag{6-5}$$

$$\omega_1 = p_r(C_1) = \sum_{i=t+1}^{L} p_i = 1 - \omega(t) \tag{6-6}$$

$$\mu_0 = \sum_{i=0}^{t} \frac{ip_i}{\omega_0} = \frac{\mu(t)}{\omega(t)} \tag{6-7}$$

$$\mu_1 = \sum_{i=t+1}^{L-1} \frac{ip_i}{\omega_0} = \frac{\mu_T - \mu(t)}{1 - \omega(t)} \tag{6-8}$$

式中：

$$\mu(t) = \sum_{t=0}^{t} ip_i$$

$$\mu_T = \mu(L-1) = \sum_{i=0}^{L-1} ip_i$$

对任何 t ，都有

$$\omega_0\mu_0 + \omega_1\mu_1 = \mu_T , \quad \omega_0 + \omega_1 = 1 \tag{6-9}$$

C_0 和 C_1 类的方差可由下式求得：

$$\sigma_0^2 = \sum_{i=0}^{t} \frac{(i - \mu_0)^2 p_i}{\omega_0} \tag{6-10}$$

$$\sigma_1^2 = \sum_{i=t+1}^{L-1} \frac{(i - \mu_1)^2 p_i}{\omega_1} \tag{6-11}$$

定义类内方差为

$$\sigma_\omega^2 = \omega_0 \sigma_0^2 + \omega_1 \sigma_1^2 \tag{6-12}$$

定义类间方差为

$$\sigma_B^2 = \omega_0 (\mu_0 - \mu_T)^2 + \omega_1 (\mu_0 - \mu_T)^2 = \omega_0 \omega_1 (\mu_1 - \mu_0)^2 \tag{6-13}$$

定义总体方差为

$$\sigma_T^2 = \sigma_B^2 + \sigma_\omega^2 \tag{6-14}$$

引入下列关于 t 的等价的判决准则：

$$\lambda(t) = \frac{\sigma_B^2}{\sigma_\omega^2} \tag{6-15}$$

$$\eta(t) = \frac{\sigma_B^2}{\sigma_T^2} \tag{6-16}$$

$$\kappa(t) = \frac{\sigma_T^2}{\sigma_\omega^2} \tag{6-17}$$

这 3 个准则是彼此等效的，把使 C_0，C_1 两类得到最佳分离的 t 值作为最佳阈值，因此将 $\lambda(t)$，$\eta(t)$，$\kappa(t)$ 定为最大判决准则。由于 σ_ω^2 基于的是二阶统计特性，而 σ_B^2 基于的是一阶统计特性，σ_ω^2 和 σ_B^2 是阈值 t 的函数，而 σ_T^2 与 t 值无关，因此 3 个准则中 $\eta(t)$ 最为简便，所以选用其作为准则可得最佳阈值 t^*：

$$t^* = \mathrm{Arg}(\max_{0 \le t \le L-1} \eta(t)) \tag{6-18}$$

6.4 基于融合的合成孔径雷达图像去遮挡实现

有了前面对 SAR 图像进行的几何校正，以及 SAR 图像配准和融合结果评价的研究基础，由于目前还没有对同一区域左视、右视带有遮挡的 SAR 真实图像可用，下面将采用仿真数据对本节研究的内容加以说明。

研究对象为两幅同一区域、不同角度、不同视角的 SAR 图像，源图像含有明显的遮挡区域。遮挡区域是由目标高程遮挡引起的，同时会造成透视收缩变形。首先通过合适的几何校正方法对非平坦区域产生的几何形变进行校正，然后将校正后的两幅 SAR 图像进行配准再进行像素级融合。用图像分割技术对遮挡区域进行提取，对比融合前后的图像，看融合后的遮挡区域是否消除，以此作为此融合研究的结果评价。

利用前述定位方法，对图 6-6 中的两幅 SAR 图像分别定位，进行几何校正后的结果如图 6-7 所示。

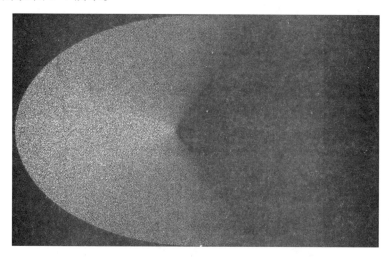

（a）左视成像结果

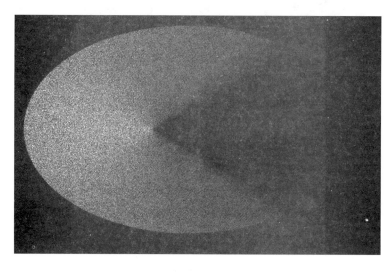

（b）右视成像结果

图 6-6　SAR 面目标成像结果

（a）左视 SAR 图像的校正结果

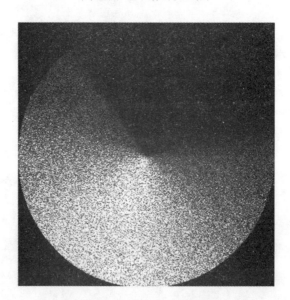

（b）右视 SAR 图像的校正结果

图 6-7　校正后的 SAR 图像

对于星载 SAR 数据，即使在产生地理编码的图像产品中，已经适当校正了系统级几何失真，在把每幅图像与地图基面配准时，仍存在一个随机残余误差[111]。因此，为了确定这种残余的失配误差，需要将两幅图像的重叠区域进行配准，如图 6-8 所示。

（a）配准后的左视 SAR 图像

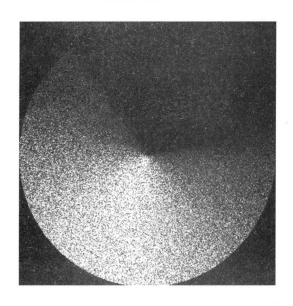

（b）配准后的右视 SAR 图像

图 6-8　配准后的 SAR 图像对

对左右视配准后的图像进行如下融合处理：左右视图像通过阈值分割区分出遮挡区域和非遮挡区域，对遮挡所在区域进行互补处理，非遮挡区域可以利用第 4 章中提到的方法进行融合，图 6-9 是利用小波变换方法得到的融合结果。

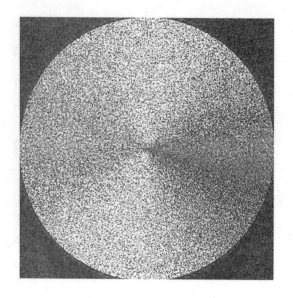

图 6-9　融合后的 SAR 图像

为了更好地看清融合前后 SAR 图像阴影区域对比，下面对融合前后的图像进行阈值分割处理，结果如图 6-10 所示。

(a) 左视 SAR 图像阈值分割结果

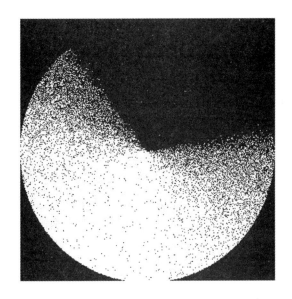

(b)右视 SAR 图像阈值分割结果

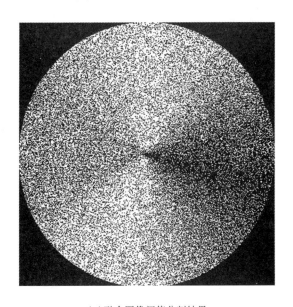

(c)融合图像阈值分割结果

图 6-10　去遮挡效果评价

　　从阈值分割结果可以看出，融合前 SAR 图像中的阴影区域面积较大，融合后除了没有布置目标的背景外，阴影区域已经通过左右视图像的互补信息得到了补偿，观测区域得到了有效扩充，得到了对目标区域更为完整的描述。

6.5　本章小结

随着航空、航天技术的迅猛发展，遥感图像融合发挥着越来越大的作用，将遥感图像融合技术用于合成孔径雷达图像处理，将有利于 SAR 图像的判读，为 SAR 的应用奠定基础。

本章将前文提出的 SAR 图像几何校正预处理方法以及遥感图像配准方法应用于真实 SAR 图像的处理。另外，综合这些技术，提出了基于融合的合成孔径雷达图像去遮挡研究的思想。本章去遮挡研究以两幅同一区域、不同角度、不同视角的 SAR 图像为对象，源图像含有明显的遮挡区域。遮挡区域是由目标高程遮挡引起的，同时会造成透视收缩形变。首先通过合适的几何校正方法对非平坦区域产生的几何形变进行校正，然后将校正后的两幅 SAR 图像进行配准，再进行融合。用图像分割技术对遮挡区域进行提取，对比融合前后的图像，看融合后的遮挡区域是否消除，以此作为此融合研究的结果评价。通过整个融合流程处理，SAR 图像上的遮挡区域得到了消除，两幅源图像的信息得到了互补，得到了对目标区域更为完整的描述，为 SAR 图像的后续应用奠定了基础。

利用融合手段去除了 SAR 图像遮挡，扩大了观测范围，提供了观测区域全方位的信息，从而有利于决策者更好地使用 SAR 图像提供的信息。

7　合成孔径雷达图像海岸线检测

7.1　引　言

　　准确而快速地确定海岸线的位置、走向和轮廓，在海岸带环境保护、海洋资源管理等方面都发挥着重要的作用。目前，国内外许多学者针对 SAR 图像海岸线检测技术展开研究，并取得了许多有意义的研究成果。针对遥感图像海岸线检测主要有基于边缘检测和基于区域分割两种思想，方法主要有边界追踪算法、Markovian 分割法、活动轮廓法、水平集算法。最经典的图像分割方法是一类边缘微分算子(如 Sobel 算子、Canny 算子以及 Roberts 算子等)。虽然这些边缘微分算子算法简单、运算速度较快，但对噪声比较敏感，边缘定位不够准确，缺乏普遍适用性。为了从 SAR 图像中检测出完整、连续的海岸线，许多研究者作了积极的探索，并且也提出了一些行之有效的提取方法。

　　边界追踪算法[112-114]首先分析海洋与陆地像素在图像中的正态分布，再根据均值与标准差设定一个阈值，区分图像中的海洋与陆地，得到二值图像；然后设定边界追踪算法，从某一海岸线点出发，将海洋与陆地的边界轮廓标绘出来。该算法比较直观、简便易行，而且可以得到连续的海岸线。但是，该算法得到的海岸线依赖于对图像中陆地、海洋的分离，即进行平滑、滤波的操作以及对阈值的选取，故存在较大局限性，一般在精度要求不高的情况下应用。

　　Markovian 分割法利用 Markovian 随机场的概念和模拟退火法提取海岸线[115]。该算法先降低图像的分辨率，降低斑点噪声的影响，利用模拟退火法求解能量函数的最小值，将图像中各像素点进行分类(海洋、陆地、低海浪地带、海滩)，进而定义直角梯度算子，得到一个近似的粗边界，然后恢复图像分辨率，继续在高分辨率图像中应用上述步骤，最终得到图像中的海岸线。但是，用 Markovian 随机场的方法及模拟退火法对图像中的像素点进行分类，仍存在误差，而且计算量比较大。

活动轮廓法(active contour)也称 Snake 算法,是一种基于人类视觉特性提出的算法[116-117]。该算法先人为地在图像感兴趣区给出一条初始轮廓,然后最小化一个能量泛函驱使轮廓线在图像中运动,经过若干次迭代,不断地改变轮廓线,最终逼近图像中物体的边界。活动轮廓法可以得到图像中各个物体的轮廓,并且最后的轮廓受较高层的过程控制。但是,由于活动轮廓法的稳定性不佳、对初始轮廓线的位置要求比较高,只能应用于简单图像的检测。

水平集(level set)算法[118]沿袭了活动轮廓法的特点,因此,也被称为几何型活动轮廓法。在此类算法中,同样需要给出初始轮廓线,而且对初始轮廓线位置的要求比活动轮廓法的要求低。水平集算法拓扑自适应能力强,轮廓曲线可以自动地分离或合并,无须额外处理。给出一个简单的初始轮廓,就可以得到图像中物体的边界。并且二维曲线被镶嵌到三维曲面中去,使方法中数值计算的求解是稳定的,存在唯一解。但是,由于算法在三维曲面中迭代,导致计算量大,复杂度高。

虽然以上成果都在一定程度上提升了海岸线检测的性能,但仍然存在许多问题有待进一步研究。一般来说,边界追踪算法、Markovian 分割法和活动轮廓法由于检测效果一般,较少独立应用。对于 SAR 图像海岸线检测而言,需对检测图像的特点、检测精度的要求等方面进行分析,选择适合的检测算法;再者,从检测效果、抗噪能力和复杂度等方面来看,各种方法有着各自不同的应用特点,在实际检测过程中,应根据检测的要求选择不同的方法。

1987 年,Kass 和 Witkin 创造性地提出了活动轮廓模型[119](active contour model, ACM),又称为 Snake 模型。虽然这种方法能获得连续的海岸线,但是它对初始轮廓比较敏感,而且无法自适应地处理边界拓扑关系。边界追踪算法[120]由 J.Lee 和 I.Jurkevich 于 1990 年提出。此算法得到的海岸线依赖于对图像中陆地、海洋的分离,因此存在相当大的局限性,一般在精度要求不高的情况下应用。1995 年,Ravikanth Malladi 等根据 1988 年 Stanley Osher 和 James Sethian 等给出的界面传播理论[121],提出了"水平集"算法[122]。此算法沿袭了活动轮廓法的特点。在此算法中,同样需要给出初始轮廓线,但对初始轮廓线位置的要求比活动轮廓法低。另外,二维曲线被镶嵌到三维曲面中去,使此方法中数值计算的求解是稳定的,存在唯一解。但是由于算法在三维曲面中迭代,导致计算量大、复杂度高。

2000 年和 2001 年,A.Tsai 和 A.Willsky 等提出了利用 Mumford-Shah 泛函进

行边界检测的方法[123-124]。该方法大大降低了对初始轮廓位置的限定，而且轮廓曲线具有拓扑自适应能力，可以自动分离或合并，无须额外处理。但是由于在找边界的同时去掉了图像的噪声，虽然提高了抗噪性能，却降低了边界定位的精度，导致边界定位不准确，而且噪声越大，边界定位的精度越差。2000年，Andreas Niedermeier等人提出了一种利用小波变换提取 SAR 图像海岸线的方法[115]。该方法用小波变换提取海岸线的初始轮廓，再结合活动轮廓模型以及块跟踪方法，取得了较好的效果，但过程、算法相对复杂。针对上述问题，本书提出一种基于几何活动轮廓模型的海陆分界线检测方法。该方法结合全局的区域光滑信息作为曲线演化的收敛条件，有利于解决海岸线弱边界的问题。

7.2　几何活动轮廓模型

7.2.1　传统的几何活动轮廓模型

在 20 世纪 80 年代末提出的 Snake 模型，不仅利用了底层的图像信息，而且结合了高层的先验知识，更接近于人类的视觉系统，因此被广泛应用于计算机视觉和模式识别领域普遍存在的图像分割问题，目前在理论和应用方面的研究方兴未艾。几何活动轮廓（geometric active contour，GAC）模型是在 Snake 模型的基础上发展起来的，较 Snake 模型而言，几何活动轮廓模型具有能够自然地处理拓扑结构变化、对初始条件不敏感、数值实现简单等优点，这些良好的特性已经引起了人们越来越多的关注，并已经在图像处理和计算机视觉等领域得到了广泛的应用。

根据能量泛函的定义，几何活动轮廓模型基本可以分为边界模型和区域模型。最典型的边界模型为 1997 年 Casselles 等提出的测地几何活动轮廓模型。该模型较好地解决了 Snakes 模型的对初始条件敏感、无法自动处理拓扑变化等不足。测地几何活动轮廓模型是 Snakes 模型的一个特例，其能量泛函为[125]

$$E(C(q)) = \int_0^1 g(|\nabla I(C(q))|)|C'(q)|dq \qquad (7-1)$$

式中，C——参数化平面曲线；

I——已知图像；

g——边界停止函数（edge stopping function，ESF），且

$$g = \frac{1}{1 + |\nabla G_\sigma * I|^2} \qquad (7-2)$$

其中，G——方差为 σ 的高斯函数。

g 在图像梯度较大的地方趋于 0，在图像梯度较小的地方趋于 1。曲线向 g 趋于 0 的位置演化，可以有效地提取出目标边界。基于水平集方法的测地几何活动轮廓模型能在演化过程中自动处理曲线拓扑变化，Malladi 等也提出了类似的边界模型[126]。上述边界模型曲线演化的中止条件均依赖于基于图像梯度的边缘检测算子。事实上，由于低对比度目标边界边缘检测算子不收敛于 0，因此演化曲线可以穿越边界，而且边缘检测算子对噪声敏感，造成边界模型的演化曲线容易陷入局部极值，从而产生冗余轮廓。

相对于边界模型而言，区域模型利用活动轮廓内部和外部的全局区域信息定义能量泛函，没有使用基于图像梯度的边缘检测算子，更利于 SAR 图像海岸线检测。基于此，本书采用基于区域的几何活动轮廓模型进行 SAR 图像的海岸线检测。假定图像由目标和背景两个同质区域组成，定义 I 为原始的待分割图像，C 为闭合轮廓，能量泛函定义如下[127]：

$$E(C, c_1, c_2) = t_1 \int_{\mathrm{in}(C)} |I(x) - c_1|^2 \mathrm{d}x + t_2 \int_{\mathrm{out}(C)} |I(x) - c_2|^2 \mathrm{d}x \quad (x \in \Omega)$$

$$(7-3)$$

其中，t_1，t_2 为大于零的常数，用来控制曲线内部和外部能量的权重；c_1，c_2 分别为图像在轮廓划分区域内外的灰度平均值。

可以看出，该模型中结合了图形的全局信息，其能量函数和图像的梯度无关，既适用于边界光滑也适用于边界不连续的图像边缘的提取，但是不适用于目标和背景灰度区分不明显的图像。此外，尽管边缘检测对演化曲线的初始位置不敏感，但是演化速度仍然依赖于演化曲线的初始位置，而且它必须周期性地重新初始化水平集函数，这在一定程度上增加了边缘检测的时间及计算的复杂度。

7.2.2　几何活动轮廓模型的改进

基于区域的几何活动轮廓模型中常采用符号压力函数（signed pressure function，SPF）[128]作为边界停止函数：

$$SPF(I(x)) = \frac{I(x) - \dfrac{c_1 + c_2}{2}}{\max\left\{\left|I(x) - \dfrac{c_1 + c_2}{2}\right|\right\}} \quad (x \in \Omega) \qquad (7\text{-}4)$$

式中，I——原始的待分割图像；

c_1，c_2——图像在轮廓划分区域内、外的灰度平均值。

因为 c_1，c_2 分别为图像在轮廓划分区域内、外的灰度平均值，当目标图像对比度不高时，该 SPF 函数将无法分割弱边界。为了解决这一问题，本书用基于局部二值拟合（LBF）模型[129-130]中的一个加权函数 f^{LBF} 取代式（7-4）中的 $(c_1 + c_2)/2$，给出一个新的 SPF 函数，定义为

$$SPF^{LBF}(I(x)) = \frac{I(x) - f^{LBF}(x)}{\max\{|I(x) - f^{LBF}(x)|\}} \quad (x \in \Omega) \qquad (7\text{-}5)$$

其中，加权函数 f^{LBF} 是逼近曲线内外部区域图像局部强度的光滑函数 f_1 和 f_2 的组合函数。

相应的水平集函数演化方程可以写成

$$\frac{\partial \phi}{\partial t} = SPF^{LBF}(I(x)) \cdot \left(\mathrm{div}\left(\frac{\nabla\phi}{|\nabla\phi|}\right) + \alpha\right)|\nabla\phi| + \nabla SPF^{LBF}(I(x)) \cdot \nabla\phi \quad (x \in \Omega)$$
$$(7\text{-}6)$$

式中，I——已知图像；

α——球形力，控制曲线的收缩与膨胀；

ϕ——水平集函数；

Ω——目标 SAR 图像域。

本书中几何活动轮廓模型的水平集演化过程如图 7-1 所示，具体包括以下步骤。

步骤 1：初始化水平集函数 ϕ 为二值函数：

$$\phi(x, t=0) = \begin{cases} -k, & x \in \Omega_0 - \alpha\Omega_0 \\ 0, & x \in \alpha\Omega_0 \\ k, & x \in \Omega - \Omega_0 \end{cases} \qquad (7\text{-}7)$$

式中，k 是大于零的常数，Ω_0 是图像域 Ω 的子集，$\alpha\Omega_0$ 是区域 Ω_0 的边界。

步骤 2：利用 LBF 模型中 f_1，f_2 的加权函数组合 f^{LBF} 以及 SPF^{LBF} 计算出最简的水平集演化方程：

$$\frac{\partial \phi}{\partial t} = SPF^{LBF}(I(x)) \alpha |\nabla \phi| \quad (x \in \Omega) \tag{7-8}$$

步骤 3：当 $\phi > 0$ 时，令 $\phi = 1$；否则，令 $\phi = -1$。

步骤 4：用 SBGFRLS 水平集方法：

$$\phi^{n+1} = G_{\sqrt{\nabla t}} * \phi^n \tag{7-9}$$

式中，ϕ^n，ϕ^{n+1}——第 n 次和第 $n+1$ 次迭代得到的 ϕ 值；

$\quad\quad G_{\sqrt{\nabla t}}$——方差为 ∇t 的高斯核函数。

步骤 5：检验 ϕ 是否收敛，如果不收敛，则返回步骤 2。

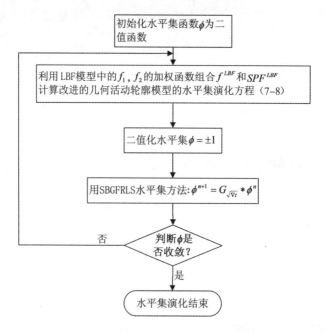

图 7-1　水平集演化过程

本书中的几何活动轮廓模型结合了全局的区域光滑信息作为曲线演化的收敛条件，可以有效解决斑点噪声对 SAR 图像海陆边界线分割的影响。对符号压力函数的改进，可以解决海岸线弱边界问题。此外，在水平集演化的过程中，用 SBGFRLS 水平集方法可以获得较快的收敛速度。本书选用简单的网格采样点获得海岸线边界的初始定位作为曲线演化的初始轮廓，不仅可以减少算法迭代的时间，而且在一定程度上可以减少模糊边界带来边界泄露的可能，从而可以获得比较准确的检测结果。

7.3 基于几何活动轮廓模型的 SAR 图像海岸线检测

7.3.1 初始轮廓的获取

为了减少几何活动轮廓模型演化时间,本书用若干小圆盘作为 SAR 图像海岸线的初始轮廓,如图 7-2 所示。具体过程为:采用一个数值矩阵和经过预处理的目标图像进行卷积处理;在经卷积处理后的 SAR 图像中,用网格采样点函数[131]生成网格采样点;在得到的网格中创建半径为 9 个像素的圆盘以及用图像膨胀的方法对图像进行膨胀处理,取得强化海岸线边缘的效果。

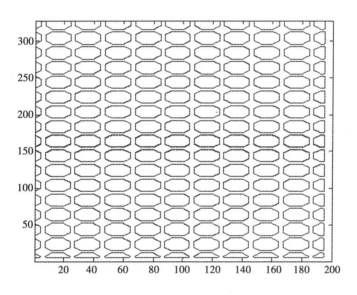

图 7-2 初始轮廓

7.3.2 海岸线的精确提取

海岸线精确提取过程如下。

① 读取 SAR 图像,并进行 Lee 滤波预处理。

② 对 SAR 图像进行卷积处理、生成网格采样点,然后在网格采样点中画多个小的圆盘作为海岸线的初始轮廓。

③ 将步骤②得到的海岸线初始轮廓作为几何活动轮廓模型的输入。利用

改进的符号压力函数作为几何活动轮廓模型的边界停止条件，并利用高斯滤波器快速初始化二值化的水平集函数，将得到的海岸线进行矢量化处理。最终得到连续的海岸线。

图 7-3 所示为本方法实现的流程图。

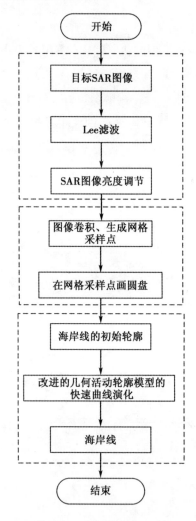

图 7-3　海岸线提取过程

7.4　实验与分析

在本节中，将本书中的方法与改进的 canny 算子方法、边界追踪算法及一种传统的几何活动轮廓模型方法进行比较。同时以人工的方式标注海岸线，并定义如下：错误像素是漏检像素与误检像素之和；正确像素是检测结果与误检像素之差；错误率是错误像素个数与人工标注像素个数之比；正确率是正确像素个数与人工标注像素个数之比。一种理想的检测方法必须要有一个高的正确率和一个低的错误率。图 7-4 所示为待检测的目标 SAR 图像。图 7-5 为海岸线检测结果。

图 7-4　海岸线待检测 SAR 图像

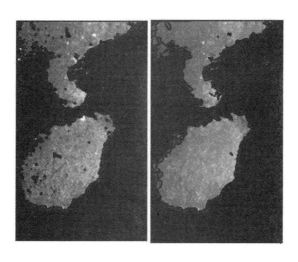

（a）改进的 canny 算子方法　　　（b）边界追踪算法

（c）传统的几何活动 　　　　　（d）本书的方法

轮廓模型方法

图 7-5　海岸线检测结果

在图 7-5 中，海岸线受外界自然条件的影响较小，清晰度相对较高，改进的 canny 算子方法能检测出连续的边缘点，但是误检像素较多，导致较高的错误率；边界追踪算法、传统的几何活动轮廓模型方法误检像素、漏检像素都较多，导致较高的错误率；本书的方法具有较高的正确率及较低的错误率，检测结果较好。详见表 7-1。

表 7-1　　　　　　　　　　　　算法检测性能比较

	改进的 canny 算子	边界追踪算法	传统的几何活动轮廓模型方法	本书的方法	海岸线像素
检测结果	707	789	906	681	
误检像素	158	184	311	53	
漏检像素	114	58	68	35	663
错误率	0.410	0.365	0.572	0.133	
正确率	0.828	0.913	0.897	0.947	

传统的几何活动轮廓模型方法与本书中的几何活动轮廓模型的迭代次数和运算时间的比较，详见表 7-2。传统的几何活动轮廓模型方法迭代 1212 次，运算时间为 267.975s；而本书方法的迭代次数为 177 次，运算时间为 44.415s，有效地提高了检测速度。

表 7-2   算法检测效率对比

传统的几何活动轮廓模型方法	迭代次数/次	1212
	运算时间/s	267.975
本书的方法	迭代次数/次	177
	运算时间/s	44.415

为了更进一步直观地观察检测效果，图 7-6 给出了图 7-5 中海岸线检测的局部放大结果。从目视角度，仍能清楚地看出改进的 canny 算子方法、边界追踪算法、传统的几何活动轮廓模型方法检测出的海岸线存在较大的检测误差，而本书算法得到的海岸线的检测结果较为理想。

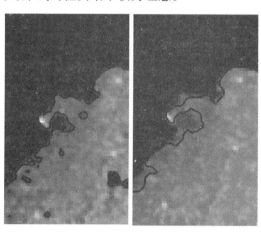

（a）改进的 canny 算子方法   （b）边界追踪算法

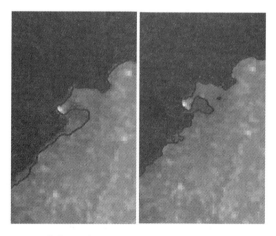

（c）传统的几何活动   （d）本书的方法
  轮廓模型方法

图 7-6   局部海岸线检测结果

7.5　本章小结

　　本书根据卫星遥感图像自动导航处理流程的特点，提出了一种基于几何活动轮廓模型的图像边缘检测算法，用于检测 SAR 图像中的海陆分界线。该方法首先对 SAR 图像进行卷积处理、生成网格采样点，然后在所述的网格采样点中画多个小的圆盘作为海岸线的初始轮廓，实现了海岸线的初始定位，为后续的水平集演化迭代次数的减少提供了条件；再利用结合区域信息的改进符号压力函数作为几何活动轮廓模型的边界停止条件，并对海岸线进行精确提取。实验结果表明，本书的方法具有迭代次数少、稳定性好、精确度高的特点。

8　合成孔径雷达图像目标识别

8.1　引　言

随着合成孔径雷达应用领域的拓宽及硬件技术的不断成熟，对 SAR 图像理解与应用的研究变得愈加迫切。人们不仅希望获取 SAR 图像目标的位置与轨道信息，还希望获得目标的形状、体积等物理信息；不仅要知道目标在哪里，还要确切知道是什么目标。

SAR 可以在全天时和全天候条件下工作，它已经广泛应用于军事和国土安全领域。合成孔径雷达识别是合成孔径雷达图像解译和理解中的一个重要问题。最早在识别技术中常用的方法是模板匹配方法[132]，但该方法缺乏灵活性，即原图像中的匹配目标只能进行平行移动。有学者提出支持向量机(support vector machine，SVM)法[133]作为目标分类器，但忽略了目标方位角误差。文献[134]先用 Gabor 滤波器对 SAR 图像进行滤波后再对图像进行纹理特征提取，文献[135]重构图像域与频域幅度信息下的误差实现目标识别，但这些方法都具有一定的不稳定性。

近年来，深度学习(deep learning，DL)在人脸识别技术、图像与文字识别、智能监控、语音识别、物体检测等模式识别领域掀起了一股浪潮，也扩大了市场对深度学习方面人才的需求[136]。常用的深度学习算法有深度置信网络[135]、栈式消噪自动编码机[137]和 CNN[138]等。图像识别领域中 CNN 备受欢迎，如关于人脸验证[139]的融合 CNN 算法、关于人体行为识别的模糊 CNN 的算法[140]以及基于二维卷积网络的医学图像识别[141]等。目前，基于 CNN 的目标识别算法在国内被许多学者相继提出。多尺度 CNN[142]算法不仅能更好地刻画目标，而且能提取出目标特征的多样性，与单尺度 CNN 相比，它有更优异的识别性能。全 CNN[143]既减小了训练数据集的规模，又提高了识别精度，因为所有层中均是稀疏连接的方式。对称卷积耦合网络[144]是基于异构 SAR 和光学图像的变化检测算法，在检测实验中验证了其有效性。然而在训练网络模型的过程中，CNN 是监督式模型，对带标签的数据集在训练时要足够充分，而官方公开的 SAR 数据集较少，用于 CNN 时易导致过拟合现象。为解决此问题，文献[145]对训练集用数据增强法进行了扩充。文献[146]中对初始化神经网络利用了主成分分析（principal component analysis，PCA）非监督预训练的方法，虽然识别精度提高，但原始图像的结构信息会丢失，在对网络进行预训练时并没有使用图像的完整信息。

SAR 由于成像机制的特殊性，图像中有明显的相干斑噪声存在。当目标存在起伏变化时，SAR 图像上会存在复杂的失真与几何畸变，致使 SAR 图像识别率不高。针对此问题，本章首先在基于 TensorFlow 平台上对数据集进行预处理，将数据集转换成 TFRecord 格式并将数据集图片转换成训练网络需要输入的 256×256 大小，同时为了方便网络训练，输入数据需进行批处理。其次，利用提出的两种基于不同卷积和汇聚核大小的改进 CNN 并联模型对数据集进行特征提取，用改进的 elu 激活函数代替常规的 relu 激活函数。该模型不仅能充分提取出 SAR 图像蕴含的目标信息，而且对 SAR 图像斑点噪声有很好的鲁棒性。最后，采用与 Nesterov 动量结合的 RMSProp 作为网络的优化算法，有效地提高了网络的训练速度与识别性能。

8.2　SAR 图像特征提取

8.2.1　CNN 的基本原理

CNN 分为三大类：输入层、隐含层及输出层，其中，最为重要的隐含层由卷积层、池化层以及全连接层构成，最后由输出层输出分类标签。其中，CNN 隐含层中最为重要的部分是卷积层，若干个卷积单元共同构成 CNN 的每个卷积层，其中提取图像的目标特征就是依靠卷积运算来实现的，更多的卷积层能进行更加深入的分析，从而得到抽象程度更高的特征并降低噪声对图像的影响；池化层对卷积层输出的特征图进行特征选择和信息过滤，可以在降低数据维度的同时保留需要的有用信息，有效避免了过拟合；全连接层则是高维空间的一个分类器，通常搭建在 CNN 中卷积层与池化层的最后部分，并向其他层传递信号。图像中的信息被卷积层和池化层抽象成信息含量更高的特征之后，仍然需要使用全连接层来完成分类任务；Softmax 回归将识别结果以归于各个类别的概率输出。

CNN 通过前向传播过程对图像特征进行提取，也就是前一层的输出用作当前层的输入，即输出为输入的加权和，如式（8-1）所示，容易出现线性模型表达能力不够的问题，即需要在模型的每一个神经元输出中添加一个非线性函数来去除网络模型的线性化，这个非线性函数称为激活函数。然后将非线性激活函数加入每一层的传递中，那么第 l 层的输出可以表示为式（8-2）和式（8-3）：

$$\mu = \sum_i \boldsymbol{W}_i x_i + b \qquad (8-1)$$

$$\mu^l = \boldsymbol{W}^l x^{l-s} + b^l \qquad (8-2)$$

$$x^l = f(\mu^l) \qquad (8-3)$$

式中，当前网络层的权值矩阵用 $\boldsymbol{W}$ 表示，当前网络层的偏置项用 b 表示，CNN 的层用 l 表示，输入用 x 表示，激活函数用 f 表示。

在训练多层前馈神经网络时，迭代更新网络参数通常使用误差反向传播（back propagation，BP）算法，构造代价函数利用样本的实际输出与期望输出之间的差异得到，输出的实验数据集假设有 B 类目标，则 E 表示第 n 个目标的均方误差代价函数：

$$E = \frac{1}{2} \sum_{k=1}^{B} (a_k^n - y_k^n)^2 = \frac{1}{2} \| a^n - y^n \|_2^2 \qquad (8-4)$$

式中，a_k^n 与 y_k^n 分别表示第 n 个目标中第 k 个神经元所对应的期望输出值与实际输出值。代价函数通过隐含层向输入层逐层反传，最后经过反复学习与训练，调整并确定网络中的 $\boldsymbol{W}$ 和 b 等参数，即通过梯度下降（gradient descent，GD）法使代价函数沿梯度方向下降。

8.2.2　改进的 CNN

本书提出的网络模型是将不同大小的卷积核并联，以不同的尺度对输入进行处理后重新组合，实现多尺度特征的同步提取。其网络模型如图 8-1 所示。由图 8-1 得知，输入的目标切片图像为预处理后的图像。前几层卷积层、池化层堆叠而成的网络对输入的目标切片图像进行特征提取，C1 为第一个卷积层，包含 16 个 5×5 的卷积核，使用全 0 填充，生成 16 个 256×256 的特征图；C2 为

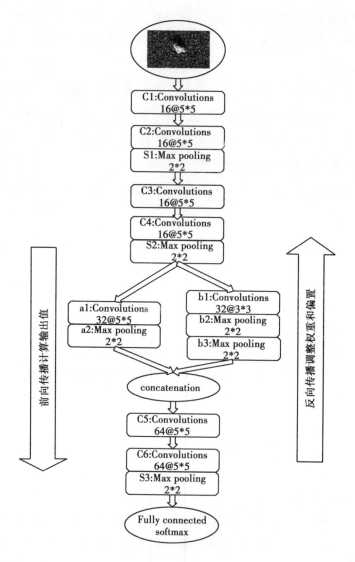

图 8-1　网络模型

第二个卷积层，包含 16 个 5×5 的卷积核，使用全 0 填充，生成 16 个 256×256 的特征映射作为池化层 S1 的输入，S1 采用采样窗口大小为 2×2 的最大池化层，生成 16 个 128×128 的特征图；C3 为第三个卷积层，包含 16 个 5×5 的卷积核，使用全 0 填充，以 S1 作为输入，生成 16 个 128×128 的特征图；C4 为第四个卷积层，包含 16 个 5×5 的卷积核，使用全 0 填充，生成 16 个 128×128 的特征映射作为池化层 S2 的输入，S2 采用采样窗口大小为 2×2 的最大池化层，生成 16

个 64×64 的特征图。将生成的特征图同时输入到 a/b 两个通道进行处理，a 通道包含 32 个 5×5 的卷积层和采样窗口为 2×2 且步长为 4 的最大池化层，b 通道包含 32 个 3×3 的卷积层和两层采样窗口为 2×2 且步长为 2 的最大池化层，a,b 通道分别生成 32 个 16×16 的特征图。两个通道所生成的 64 个特征图共同作为 C5 的输入。最后，分类器选择 Softmax 回归模型，其将 CNN 模型所提取的特征以全连接的方式映射为最终输出标签。此方法能有效地与训练中的反向传播过程相结合，便于模型中参数的更新。

此网络前向传播的过程中，白玉等人提出将 elu[147] 作为改进激活函数，如图 8-2 所示，在 sigmoid 和 tanh 函数中，两个激活函数的差异会随 SAR 图像样本的越来越多而逐渐消失，即偏导数接近于零，容易出现梯度消失的问题。relu 激活函数在训练时比较脆弱并且可能永远不会被激活，如果这种情况发生，那么所有流过这个神经元的梯度都将变成 0，导致数据多样化的消失，即 relu 激活函数在训练过程中存在不稳定性。

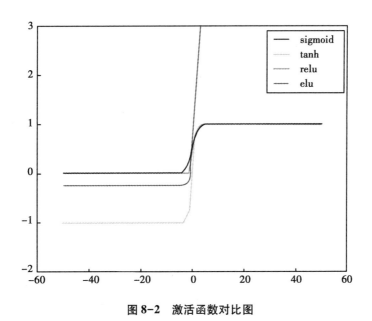

图 8-2　激活函数对比图

采用具有左软饱和特性的 elu 激活函数代替传统的激活函数，它与 sigmoid 和 relu 特征相兼容，如图 8-2 所示，其公式与导数形式为：

$$f(\mu) = \begin{cases} \mu, & tf\mu > 0 \\ t(\exp^{(\mu)} - 1), & tf\mu \leqslant 0 \end{cases} \tag{8-5}$$

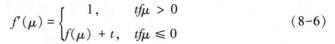
$$f'(\mu) = \begin{cases} 1, & tf\mu > 0 \\ f(\mu) + t, & tf\mu \leq 0 \end{cases} \tag{8-6}$$

将 elu 激活函数代入代价函数式(8-4)中，最后得出公式为：

$$\frac{\partial E}{\partial W^t} = (y^n - a^n)x \tag{8-7}$$

$$\frac{\partial E}{\partial b^l} = (y^n - a^n) \tag{8-8}$$

联合式(8-5)~式(8-8)可知，实际输出值与期望输出值在 μ 大于零且输入 x 一定时，之间的误差越来越大，对权重与偏置求导的值越偏离零，使得学习速度变快；式(8-6)中的超参数 t 在 μ 小于零且输入 x 为负值时，控制激活函数的输入幅度，避免了学习速率的减慢，使 CNN 模型的训练更接近于自然梯度的下降。elu 激活函数能减少梯度消失的影响，因为和 relu 激活函数曲线相似，两者均为线性且导数为 1，从图 8-2 的右半轴中可以看出。elu 曲线对 SAR 图像斑点噪声的鲁棒性体现在图 8-2 的左半轴中。

8.2.3　RMSProp 优化算法

在 CNN 模型中，通常使用梯度下降算法作为神经网络的优化方法，该方法会迭代式更新参数 θ，不断沿着梯度的反方向让参数朝着总损失更小的方向更新。但是，梯度下降算法训练速度慢，每走一步都要计算调整下一步的方向，若应用于大型数据中，每输入一个样本都要更新一次参数，且每次迭代都要遍历所有的样本，使得训练过程极其缓慢，需要很长时间才能收敛，且梯度下降算法容易陷入局部最优解。

RMSProp 是 Geoff Hinton 提出的一种自适应学习率方法，该方法是对 Ada-Grad 算法的改进，通过引入一个衰减系数 ρ 来控制历史获取信息的多少。本书在 RMSProp 的基础上结合 Nesterov 动量，首先利用 RMSProp 改变学习率；其次利用 Nesterov 引入动量改变梯度，从两方面改进更新方式，避免网络陷入局部最优解，加快了网络训练速度，使得网络的收敛精度提高。该算法过程如表 8-1 所示。

表 8-1	RMSProp 算法流程

1. 使用 Nesterov 动量的 RMSProp 算法

2. Require：全局学习率 ε，衰减速率 ρ，动量系数 c

3. Require：初始参数 θ，初始参数 v

4. 累计变量初始化 $\gamma = 0$

5. While 不满足停止条件 do

6. 从训练样本中采样包含 m 个样本 $[x^{(1)}, \cdots, x^{(m)}]$ 的小批量，相对应的目标为 $y^{(1)}$

7. 计算临时更新：$\overset{\vee}{\theta} = \theta + cv \leftarrow$ 引入 Nesterov 动量

8. 计算梯度：$g \leftarrow = \dfrac{1}{m} \nabla_\delta \sum_i L(f(x^1; \tilde{\theta}), y^1)$

9. 累计梯度：$\gamma \leftarrow \rho\gamma + (1-\rho)g \odot g \leftarrow$ RMSProp 的指数衰减累计梯度

10. 计算速度更新：$v \leftarrow cv - \dfrac{t}{\sqrt{\gamma}} g\left(\dfrac{1}{\sqrt{\gamma}} \text{逐元素应用}\right)$。RMSProp 改变学习率，Nesterov 引入动量改变梯度，从两方面改进更新方式

11. 应用更新：$\theta = \theta + v$

12. End while

8.3 SAR 图像目标识别及实验对比结果分析

为了验证各种 SAR 图像目标识别算法的有效性，本书采用空军实验室和美国国防研究规划局共同赞助的 MSTAR 数据库集，此数据集针对于 SAR 图像目标识别的研究而展开，利用高分辨率聚光合成孔径雷达传感器来采集数据，雷达工作在 X 波段且分辨率为 0.3m×0.3m，采用的极化方法为 HH 极化方式。数据集经过预处理，转换成需要的目标切片图像，每个目标切片图像数据大多是 0°~360°覆盖的，它涵盖了不同方位角、仰角以及不同类型和型号的军事目标，其中只公开了一小部分。本书中所用到的数据来自 MSTAR 数据集中的八类军事目标图像，分别为 BTR_60、D7、T72、T62、2S1、BRDM_2、ZIL131、ZSU_23_4，用以验证本书所提出的 CNN 方法的可行性和有效性，并与其他 CNN 方法在识别精度上作了对比分析。上述 8 类目标的光学图像及其合成孔径雷达图像如图 8-3 所示。

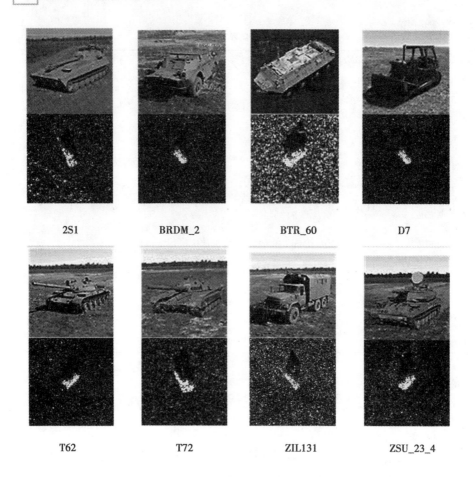

图 8-3 8 类光学图像和合成孔径雷达图像

8.3.1 SAR 图像目标识别结果

本书采用 MSTAR 数据集中的 8 类目标用作 SAR 图像目标识别实验，选取俯仰角为 17°和 15°的图像集，将俯仰角为 17°时的各类军事目标图像作为训练集，共有 2070 张；俯仰角为 15°时的各类军事目标图像作为测试集，共有 2245 张。和传统的 SAR 目标识别方法相比较，不需要人工设计 4 种不同的算法来实现下述目标：预处理图像、提取特征与选择特征、目标分类。SAR 图像目标识别采用本书设计的 CNN 时，只需对原始图像进行预处理后将图像转换成训练网络所需要的输入大小，即将输入的数据集图片大小转换成 256×256，本书中设计的 CNN 可一次性实现特征的提取、选择和目标分类。表 8-2 为本书中各类目标实验数据集的组成及识别结果，表 8-3 为各类识别结果的错误分布。

表 8-2　　　　　　　　　　各类目标实验数据集的组成及识别结果

类别	训练集	测试集	识别率/%
ZSU_23_4	274	299	98.32
ZIL131	274	299	100
T72(132)	232	196	99.5
T62	273	299	100
D7	274	299	99.67
BTR_60	195	256	100
BRDM_2	274	298	100
2S1	274	299	94.9
总计	2070	2245	99.1

表 8-3　　　　　　　　　　各类识别结果的错误分布

	2S1	BRDM_2	BTR_60	D7	T62	T72	ZIL131	ZSU_23_4
2S1	284	0	15	0	0	0	0	0
BRDM_2	0	298	0	0	0	0	0	0
BTR_60	0	0	256	0	0	0	0	0
D7	0	0	0	298	0	0	0	1
T62	0	0	0	0	299	0	0	0
T72	0	0	1	0	0	195	0	0
ZIL131	0	0	0	0	0	0	299	0
ZSU_23_4	5	0	0	0	0	0	0	294

8.3.2　SAR 图像目标识别结果分析

　　本书采用改进的 elu 激活函数并联 CNN 模型提取图像特征，结合 RMSProp 作为优化方法，不仅能充分提取出 SAR 图像中所蕴含的目标信息，而且收敛速度快，识别精度高。就表 8-2 中的识别率而言，2S1 类的目标准确率最低，BRDM_2、BTR_60 以及 ZIL131 类的目标准确率达到了 100%。本书中使用的 CNN 不仅简化了识别流程，而且提高了识别效率，优异于传统的 SAR 图像目标识别方法。本实验中对图 8-1 设计的深度模型结构进行训练，训练中的超参数如表 8-4 所示。在 Windows 系统上使用 Google 的 TensorFlow 平台进行深度模型的参数学习和模型识别精度的测试，实现了 CNN 模型的参数学习。

表 8-4   用于网络训练的参数

学习速率	批处理大小	权重衰减系数	迭代次数	参数初始化方法	目标函数
0.005	32	0.01	5000	随机初始化	均方误差

8.3.3　实验对比结果分析

表 8-5 为舍去右半支 b 通道的单支 CNN 识别精度结果。由表 8-5 中的识别结果可以看出，本书提出的深度模型结构要优异于单支 CNN 模型，表明利用不同尺度的卷积核对输入图像进行同步特征提取，能充分探测出目标切片图像所蕴含的目标信息，从而提高目标的识别精度。

表 8-5   舍去右半支 b 通道的单支 CNN 识别精度

	2S1	BRDM_2	BTR_60	D7	T62	T72	ZIL131	ZSU_23_4	识别精度/%
2S1	280	0	0	0	19	0	0	0	93.6
BRDM_2	0	296	2	0	0	0	0	0	99.3
BTR_60	0	0	256	0	0	0	0	0	100
D7	0	0	0	289	0	0	3	7	96.7
T62	0	0	0	0	297	2	0	0	99.3
T72	0	0	0	0	1	195	0	0	99.5
ZIL131	0	0	0	0	1	0	297	1	99.3
ZSU_23_4	7	0	0	0	0	0	0	292	97.7
总计									98.18

表 8-6 为本书提出的深度结构与文献 [148] ~ 文献 [150] 提出的模型结构性能对比。该算法的平均分类精度优于上述 3 个文献中的模型。从表 8-6 中可以看出，该算法的平均分类精度达到 99.1%，进一步证明，对于 SAR 图像目标识别而言，识别精度的高低与网络设计分不开。SAR 图像不仅相干斑噪声较强，而且具有较低的目标分辨率，因此采用对噪声鲁棒性更强的 elu 激活函数，并将不同大小的卷积核并联，以不同的尺度对输入进行处理后重新组合，实现多尺度特征的同步提取，使所蕴含的目标信息更加丰富。RMSProp 作为优化算法，从两方面改进更新方式，既提高了收敛速度，也提高了收敛精度。

表 8-6   本书提出的深度结构与文献[148]~文献[150]提出的模型结构性能对比

来源	方法	输入图像的分辨率/像素	全连接	数据增强	平均分辨率/%
文献[148]	具有不同宽度的 DNNs	88×88×1	有	随机采样，加噪	98.30
文献[149]	RCNN 的扩展模型 Faster RCNN	158×158×1	有	无	99.0
文献[150]	DNNs 迁移学习	128×128×1	有	无	98.57
本书	多尺度 CNN 并联+RMSProp	256×256×1	有	无	99.1

8.4   本章小结

　　针对 SAR 图像的特点，采用并联卷积神经的 SAR 目标识别算法，以不同的尺度对输入进行处理后重新组合，实现多尺度特征的同步提取，以 elu 作为 CNN 的激活函数，不仅体现了对 SAR 图像斑点噪声的鲁棒性，而且能减少梯度消失的问题。RMSProp 优化算法使训练的效率变高，并且提升了收敛精度，虽然由于缺乏复杂场景的数据集，实验数据过于单一，不能更加充分地学习到 SAR 图像中所蕴含的目标特征信息，但是本书所提出的方法能比较准确地识别各类目标，对噪声也有一定的鲁棒性，是一种有效的 SAR 目标识别算法。

9　结束语

本书针对合成孔径雷达图像处理及应用展开研究。在详述传感器对地空间几何关系和数学模型的基础上,分析了斜距测量误差、平台位置测量误差、平台速度测量误差、目标高程测量误差对定位精度的影响。在考虑地形起伏影响的情况下,研究 RD 模型解算方法,为提高定位精度以及便于实际应用中的实现,提出了基于 RD 模型的星载 SAR 图像几何校正的新算法。同时综合多传感器协同探测系统的数据互补特性,提出多星融合定位处理方法,利用多颗卫星数据的互补特性,减少单颗 SAR 卫星因上述因素引起的定位误差,提高了定位处理精度。研究配准误差对像素级图像融合效果的影响,找到了对配准要求较低的融合方法,发现融合后图像的平均梯度随配准偏差变化的规律。在此基础上,将图像配准与后续的图像融合结合起来考虑,提出了基于融合结果进行准确配准的新方法。并综合遥感图像的几何校正、配准处理及融合处理等处理技术,解决了 SAR 图像的去遮挡问题,获取了对目标区域更为完整的描述,为后期图像解译提供了便利。最后对合成孔径雷达图像的应用进行了研究,主要利用合成孔径雷达图像进行了海岸线提取以及 SAR 图像的目标识别。

本书的创新性成果主要体现在以下几个方面。

① 在详细叙述传感器对地空间几何关系和数学模型的基础上,研究了 SAR 图像几何校正方法,分析了斜距、平台位置、平台速度、目标高程这些因素存在测量误差时对定位精度的影响。计算机仿真结果表明,在中纬度地区定位不确定性最小,由平台位置测量误差引起的定位不确定性在小视角观测情况下较大,由平台速度测量误差引起的定位不确定性在大视角观测情况下较大,由斜距测量误差引起的定位不确定性在小视角观测情况下较大,由目标高程测量误差引起的定位不确定性在小视角观测情况下较大。总体而言,定位不确定性在大视角情况下较大,同时在高纬度地区小视角情况下定位不确定性也较大。另外,经度对定位几乎没有影响。

② 由于侧视成像的特点,地形起伏会导致 SAR 影像存在较大的几何畸变,

针对地形起伏情况，将 DEM 数据引入几何校正处理，提出基于 RD 模型的星载
SAR 图像几何校正的新算法，处理算法通过对解算过程中的牛顿迭代核进行优
化，提高了算法的处理效率，并通过从方位向和距离向两个方向同时进行迭代，
提升了处理算法的鲁棒性。利用仿真数据进行了验证和比较，实验结果表明，
新算法能校正因地形起伏引起的形变，且具有更高的处理效率。

③ 当斜距、平台位置、平台速度、目标高程中任意因素存在测量误差时，
将影响目标的定位精度。结合多传感器协同探测的特点，提出了多星融合定位
处理方法，利用多颗卫星数据的互补特性，减少单颗 SAR 卫星因上述因素引起
的定位误差，提高了定位处理精度。计算机仿真结果表明，与传统的利用单一
卫星完成定位处理的方法相比，多星融合定位处理方法具有更强的抗干扰特
性，在具有相同测量误差的情况下能够获得更好的定位精度。

④ 图像配准是图像融合的基础。针对 SAR 图像边缘模糊、难以精确配准
的现状，分析了配准误差对融合处理效果的影响。结合各种融合处理算法，分
析了不同融合处理算法对配准精度的依赖性，研究结果表明：不同融合处理算
法对配准精度的依赖性不同，相比较而言，对比度金字塔融合方法及小波变换
融合方法对配准精度的依赖性较低。

⑤ 对比分析了各种图像配准处理方法的特点及存在的问题，在分析融合处
理结果与配准精度间相互联系的基础上，将图像配准与后续图像融合处理结合
起来考虑，提出了基于融合结果的配准处理方法，以融合图像的平均梯度作为
评价标准，完成对输入图像的融合处理。同时为了进一步降低计算复杂性、提
升处理速度，简化了融合图像平均梯度的计算公式。通过对真实遥感数据的配
准处理，验证了本书算法的有效性。

⑥ 针对 SAR 图像所具有的遮挡效应，研究了 SAR 图像融合去遮挡技术，
充分利用输入图像间的互补特性，解决了 SAR 图像去遮挡问题。利用空间多传
感器协同探测系统获取的不同方向、不同视角的图像，在完成几何校正及配准
处理的基础上，通过多视角 SAR 融合处理减小或消除遮挡区域。利用计算机仿
真技术对本书算法进行仿真验证，结果表明：通过对输入图像进行融合去遮挡
处理，能够获取对目标区域更为完整的描述，为后期图像解译提供了便利。

⑦ 针对 SAR 图像中提取海岸线存在弱边界的问题，提出一种基于几何活
动轮廓模型的海陆分界线检测方法。采用新的符号压力函数对几何活动轮廓模
型进行改进，结合全局的区域光滑信息作为曲线演化的收敛条件，并将其用于

SAR 图像的海岸线检测。实验结果表明，本方法具有迭代次数少、稳定性好、精确度高的特点。

⑧ 针对 SAR 图像目标识别精度低的问题，设计了一种利用 CNN 来提取 SAR 图像特征的目标识别方法。利用改进的 elu 激活函数代替常规的 ReLU 激活函数，建立了与二次代价函数相结合的深度学习模型。其次采用 RMSProp 与 Nesterov 动量结合的优化算法执行代价函数参数迭代更新的任务，利用 Nesterov 引入动量改变梯度，从两方面改进更新方式，有效地提高了网络的收敛速度与精度。通过对美国 DARPA 推出的 MSTAR 数据集进行实验，实验结果表明，提出的算法能充分提取出 SAR 图像中各类目标所蕴含的信息，具有较好的识别性能，是一种有效的目标识别算法。

虽然本书在 SAR 图像几何校正、多源遥感图像配准处理和多源遥感图像融合处理等方面取得了一定的成果，仍然存在着一些问题有待研究。

① 本书在研究基于 RD 模型的 SAR 几何校正过程中，发现地形起伏坡度较大且接近雷达观测视角时，校正效果不佳，因此，如何提高校正稳定性仍然有待研究。

② 由于本书研究的配准算法是基于图像灰度的方法，只能处理刚体形变图像间的配准问题，处理更复杂形变情况下的配准方法还需更进一步研究。

参考文献

［1］ Wiley C A.Pulsed doppler radar methods and apparatus：U.S.Patent，3196436 ［P］.1965-07-20.

［2］ Sherwin C W，Ruina J，Rawcliffe R D.Some early developments in synthetic aperture radar systems［J］.IRE Transactions on Military Electronic，1962（6）：111-115.

［3］ Curlander J C.Location of pixels in space-borne SAR imagery［J］.IEEE Transactions on Geoscience and Remote Sensing，1982，20（3）：359-364.

［4］ Balss Ulrich，Gisinger Christoph，Eineder Michael.Measurements on the absolute 2-D and 3-D localization accuracy of terraSAR-X［J］.Remote Sensing，2018，10（4）：656.

［5］ Nonaka Takashi，Asaka Tomohito，Iwashita Keishi，et al.Quantitative analysis of relative geolocation accuracy of the TerraSAR-X enhanced ellipsoid corrected product［J］.Journal of Applied Remote Sensing，2017，11：044001.

［6］ Schmidt Kersten，Reimann Jens，Ramon NuriaTous，et al.Geometric accuracy of sentinel-1A and 1B derived from SAR raw data with GPS surveyed corner reflector positions［J］.Remote Sensing，2018，10（4）：523.

［7］ Schubert Adrian，Miranda Nuno，Geudtner Dirk，et al.Sentinel-1A/B combined product geolocation accuracy［J］.Remote Sensing，2017，9（6）：607.

［8］ 丁赤飚，刘佳音，雷斌，等.高分三号 SAR 卫星系统级几何定位精度初探［J］.雷达学报，2017，6（1）：11-16.

［9］ Wang Wentao，Liu Jiayin，Qiu Xiaolan.Decimeter-level geolocation accuracy updated by a parametric tropospheric model with GF-3［J］.Sensors，2018，18（7）：2197.

［10］ Brown L G.A survey of image registration techniques［J］.ACM Computing Surveys，1992，24（4）：325-376.

[11] 钮永胜,倪国强.多传感器图像自动配准技术研究[J].光学技术,1999, (1):16-18.

[12] 强赞霞.遥感图像的融合及应用[D].武汉:华中科技大学,2005.

[13] 周前祥,敬忠良,姜世忠.多源遥感影像信息融合研究现状与展望[J].宇航学报,2002,23(5):89-94.

[14] Aggarwal J K.Multi-sensor fusion for computer vision[M].Berlin:Springer-Verlag,1993.

[15] Zhang Z,Blum R S.A categorization of multiscale-decomposition-based image fusion scheme with a performance study for a digital camera application[J]. Proceedings of the IEEE,1999,87(8):1315-1326.

[16] Varshney P K.Multi-sensor data fusion[J].Electronics and Communication Engineering Journal,1997,9(12):245-253.

[17] Huang Kuihua,Zhang Jun.A coastline detection method using SAR images based on the local statistical active contour model[J].Journal of Remote Sensing,2011,15(4):737-749

[18] 周亚男,朱志文,沈占锋,等.融合纹理特征和空间关系的 TM 影像海岸线自动提取[J].北京大学学报(自然科学版),2012,48(2):273-279.

[19] 瞿继双,王超,王正志.一种基于多阈值的形态学提取遥感图象海岸线特征方法[J].中国图象图形学报,2003,8A(7):805-809.

[20] 魏钟铨.合成孔径雷达卫星[M].北京:科学出版社,2001.

[21] 张红敏,靳国旺,徐青,等.利用单个地面控制点的 SAR 图像高精度立体定位[J].雷达学报,2014,3(1):85-91.

[22] 潘志刚,潘卓,曹舸.机载 SAR 图像无控制点直接定位方法[J].中国科学院大学学报,2015,32(4):536-541.

[23] 朱彩英,徐青,吴从晖,等.机载 SAR 图像几何纠正的数学模型研究[J].遥感学报,2003,7(2):112-117.

[24] 王冬红,王番,周华,等.SAR 影像的几何精纠正[J].遥感学报,2006,10(1):66-70.

[25] Jiang Weihao,Yu Anxi,Dong Zhen,et al.Comparison and analysis of geometric correction models of spaceborne SAR[J].Sensors,2016,16(7):973.

[26] Hong Seunghwan,Choi Yoonjo,Park Ilsuk,et al.Comparison of orbit-based

and time-offset-based geometric correction models for SAR satellite imagery based on error simulation[J].Sensors,2017,17(1):170.

［27］ 张永红,林宗坚,张继贤,等.SAR 影像几何校正[J].测绘学报,2002,31 (2):134-138.

［28］ 刘佳音,洪文,刘秀芳.用于自动地理编码的改进斜距-多普勒算法[J].电 子与信息学报,2004,26(Suppl):272-277.

［29］ 张波,张红,王超,等.一种新的星载 SAR 图像定位求解方法[J].电波科 学学报,2006,21(1):1-5.

［30］ 陈尔学.星载合成孔径雷达影像正射校正方法研究[D].北京:中国林业 科学研究院,2004:18-22.

［31］ 周金萍.星载 SAR 图像的两种实用化 R-D 定位模型及其精度比较[J].遥 感学报,2001,5(3):191-197.

［32］ 袁孝康.星载合成孔径雷达的目标定位方法[J].上海航天,1997(6):51- 57.

［33］ 杨杰.星载 SAR 影像定位和从星载 InSAR 影像自动提取高程信息的研究 [D].武汉:武汉大学,2004:7-8.

［34］ 王红梅,李言俊,张科.一种改进的遥感图像融合方法[J].光电工程, 2007,34(7):50-54.

［35］ 胡良梅.基于信息融合的图像理解方法研究[D].合肥:合肥工业大学, 2006.

［36］ 何友,关欣,王国宏.多传感器信息融合研究进展与展望[J].宇航学报, 2005,26(4):524-530.

［37］ 刘同明,夏祖勋,解洪成.数据融合技术及其应用[M].北京:国防工业出 版社,1998.

［38］ 何友,王国宏,陆大金,等.多传感器数据融合及其应用[M].北京:电子工 业出版社,2000.

［39］ 杨万海.多传感器数据融合及其应用[M].西安:西安电子科技大学出版 社,2004.

［40］ 韩崇昭,朱洪艳,段战胜,等.多源信息融合[M].北京:清华大学出版社, 2006.

［41］ 曹广珍.多源遥感数据融合方法与应用研究[D].上海:复旦大学,2006.

［42］ 韩玲.多源遥感信息融合技术及多源信息在地学中的应用研究［D］.西安:西北大学,2005.

［43］ 敬终良,肖刚,李振华.图像融合理论与应用［M］.北京:高等教育出版社,2007.

［44］ Werner Wiesbeck,R Keith Raney,Kamal Sarabandi,et al.GRS-S awards presented at IGARSS'03［J］.IEEE Transactions on Geoscience and Remote Sensing,2004,42(10):2026-2030.

［45］ 王运锋.SAR 图像与光学图像数据融合算法研究［D］.成都:电子科技大学,2003.

［46］ 马建文,李启青,哈斯巴干,等.遥感数据智能处理方法与程序设计［M］.北京:科学出版社,2005.

［47］ Pohl C,Van Genderen J L.Multisensor image fusion in remote sensing:concepts,methods and applications［J］.International Journal of Remote Sensing,1998,19(5):823-854.

［48］ 李晖晖.多传感器图像融合算法研究［D］.西安:西北工业大学,2006.

［49］ 雷琳,王壮,粟毅.高分辨率 SAR 与光学图像中目标融合检测方法［J］.系统工程与电子技术,2007,29(6):844-847.

［50］ 刘向君,常文革,常玉林.基于决策级融合的多波段 SAR 目标检测方法［J］.现代雷达,2007,29(2):22-25.

［51］ 吴孟哲,陈锟山.影像融合技术应用于地表分类之探讨［J］.遥感学报,2006,10(4):578-585.

［52］ 贾永红,李德仁.多源遥感影像像素级融合分类与决策级分类融合法的研究［J］.武汉大学学报(信息科学版),2001,26(5):430-434.

［53］ Lorenzo Bruzzone,Mattia Marconcini,Urs Wegmüller,et al.An advanced system for the automatic classification of multitemporal SAR images［J］.IEEE Transactions on Geoscience and Remotote Sensing,2004,42(6):1321-1334.

［54］ Florence Tupin.Merging of SAR and optical features for 3D reconstruction in a radar grammetric framework［C］//IGARSS.Alaska,2004:395-398.

［55］ 朱俊杰.高分辨率光学和 SAR 遥感数据融合及典型目标提取方法研究［D］.北京:中国科学院,2005.

［56］ Tan Qulin ,Liu Zhengjun,Hu Jiping,et al.Dynamic change monitoring of wetland undulation using SAR and TM data fusion method[C]//IGARSS.Seoul, 2005:2866-2869.

[57] Jacqueline Le Moigne,Nadine Laporte,Nathan S Netanyahu.Enhancement of tropical land cover mapping with wavelet-based fusion and unsupervised clus-tering of SAR and landsat image data[C]//The International Society for Op-tical Engineering(SPIE).Toulouse,2001.

[58] Donna Haverkamp,Costas Tsatsoulis.Information fusion for estimation of sum-mer MIZ ice concentration from SAR imagery[J].IEEE Transactions on Geo-science and Remotote Sensing,1999,37(3):1278-1281.

[59] Yu Chang Tzeng,Kun Shan Chen.Image fusion of synthetic aperture radar and optical data for terrain classification with a variance reduction technique[J]. Optical Engineering,2005,44(10):106202-1~106202-8.

[60] Gianni Lisini,Céline Tison,Florence Tupin,et al.Feature fusion to improve road network extraction in high-resolution SAR images[J].IEEE Transactions on Geoscience and Remote Sensing Letters,2006,3(2):217-221.

[61] Céline Tison,Florence Tupin,Henri Maître.A fusion scheme for joint retrieval of urban height map and classification from high-resolution interferometric SAR images[J].IEEE Transactions on Geoscience and Remotote Sensing, 2007,45(2):496-505.

[62] Clare S Rowland,Heiko Balzter.Data fusion for reconstruction of a DTM,un-der a woodland canopy,from airborne L-band InSAR[J].IEEE Transactions on Geoscience and Remotote Sensing,2007,45(5):1154-1163.

[63] 倪国强,刘琼.多源图像配准技术分析与展望[J].光电工程,2004,31(9): 1-6.

[64] 程英蕾,赵荣椿,李卫华,等.基于像素级的图像融合方法研究[J].计算机应用研究,2004(5):169-172.

[65] 玉振明,高飞.基于金字塔方法的图像融合原理及性能评价[J].计算机应用研究,2004(10):128-130.

[66] Burt P J,Adelson E H.The laplacian pyramid as a compact image code[J]. IEEE Transactions on Communications,1983,31(4):532-540.

[67] Burt P J.A gradient pyramid basis for pattern-selective image fusion[C]//

The SID International Symposium.Playa del Rey,CA:Society for Information Display,1992:467-470.

[68] Burt P J,Kolczynski R J.Enhenced image capture through fusion[C]//Fourth International Conference on Computer Vision,IEEE Computer Society.1993:173-182.

[69] 刘喜贵,杨万海.基于多尺度对比度塔的图像融合方法及性能评价[J].光学学报,2001,21(11):1336-1342.

[70] Toet A.Multi-scale image fusion[C]//The SID International Symposium.Playa del Rey,CA:Society for Information Display,1992:471-474.

[71] Toet A,Van Ruyven L J,Valeton J M.Merging thermal and visual images by a contrast pyramid[J].Optical Engineering,1989,28(7):789-792.

[72] Toet A.Hierarchical image fusion[J].Machine Vision and Application,1990(3):1-11.

[73] Shoucri M,Dow G S,Fornace S,et al.Passive millimeter wave camera for enhanced vision systems[C]//Proceedings of the SPIE Conference on Enhenced and Synthetic Vision, 1996,2736:2-8.

[74] Mallat S.A theory for multiresolution signal decomposition:the wavelet representation[J].IEEE Transactions PAMI,1989,11(7):674-693.

[75] 李晖晖,郭雷,刘航.基于不同类型小波变换的 SAR 与可见光图像融合研究[J].光子学报,2006,35(8):1263-1267.

[76] 郑永安,陈玉春,宋建社,等.基于提升机制小波变换的 SAR 与多光谱图像融合算法[J].计算机工程,2006,32(6):195-197.

[77] Qiu Changzhen,Ren Hao,Zou Huanxin,et al.Performance comparison of target classification in SAR images based on PCA and 2D-PCA features[C]//IEEE Conference.2009:868-871.

[78] Pal S K,Majumdar T J,Bhattacharya Amit K.ERS-2 SAR and IRS-1C LISS Ⅲ data fusion:a PCA approach to improve remote sensing based geological interpretation[J].ISPRS Journal of Photogrammetry & Remote Sensing,2007,61:281-297.

[79] Schneider M K,Fieguth P W,Karl W C,et al.Multiscale methods for the segmentation and reconstruction of signals and images[J].IEEE Transactions on

Image Processing,2000,9(3):456-467.

[80] Zhao Ming,Lin Changqing.Improved pyramid image fusion based on pseudo inverse[C]//IEEE Youth Conference on Information,Computing and Tele-communication.2009:90-93.

[81] Gupta N M,Swamy N S,Plotkin E I.Wavelet domain-based video noise reduction using temporal discrete cosine transform and hierarchically adapted thresholding[J].IET Image Process,2007,1(1):2-12.

[82] Khan E,Ghanbari M.Wavelet-based video coding with early-predicted zero-trees[J].IET Image Process,2007,1(1):95-102.

[83] Hill P R,Bull D R,Canagarajah C N.Image fusion using a new framework for complex wavelet transforms[C]//IEEE International Conference on Image Processing.2005:1338-1341.

[84] Felix Fernandes,Rutger van Spaendonck,et al.A new framework for complex wavelet transforms [J]. IEEE Transactions Signal Process, 2003, 51 (7): 1825-1837.

[85] Kingsbury N.A dual-tree complex wavelet transform with improved orthogonality and symmetry properties[C]//IEEE International Conference on Image Processing.2000:375-378.

[86] Felix Fernandes,Rutger van Spaendonck,C Sidney Burrus.Multidimensional, mapping-based complex wavelet transforms [J]. IEEE Transactions Image Process,2005,14(1):110-124.

[87] Nikolov S,Hill P R,Bull D R,et al.Wavelets for image fusion[C]//A Petrosian, F Meyer.Wavelets in Signal and Image Analysis,from Theory to Practice.Dordrecht:Kluwer Academic Publishers,2001.

[88] 王海晖,彭嘉雄,吴巍,等.多源遥感图像融合效果评价方法研究[J].计算机工程与应用,2003(25):33-37.

[89] 佘二永.多源图像融合方法研究[D].长沙:国防科技大学,2005.

[90] 雷琳,蒋咏梅,匡纲要.一种基于图像分类的遥感图像配准方法[J].国防科技大学学报,2004,26(2):35-40.

[91] Svedlow M,McGillem C D,Anuta P E.Experimental examination of similarity measures and preprocessing methods used for image registration[C]//Sym-

posium on Machine Processing of Remotely Sensed Data.1976:4-9.

[92] Maes F, Collignon A, Vandermeulen D, et al.Multimodality image regitration by maximization of mutual information[J].IEEE Transactions on Medical Imaging,1997,16(2):187-198.

[93] Reddy B S,Chatterji B N.An FFT-bsed technique for translation,rotation and scale-invariant image registration[J].IEEE Transactions on Image Processing,1996,5(8):1266-1271.

[94] Castro E D,Morandi C.Registration of translated and rotated images using finite Fourier transforms[J].IEEE Transactions on Pattern Analysis and Machine Intelligence,1987,9(4):700-703.

[95] Qinsheng Chen,Desrise M,Deconinck F.Symmetric phase-only matched filtering of Fourier-Mellin transforms for image registration and recognition[J]. Pattern Analysis and Machine Intelligence,1994,16(12):1156-1168.

[96] Chunhavittayatera S,Chitsobhuk O,Tongprasert K.Image registration using Hough transform and phase correlation[C]//ICACT.2006:20-22.

[97] Hui L,Manjunath B S,Mitra S K.A contour-based approach to multisensor image registration[J].IEEE Transactions on Image Processing,1994,4(3): 320-334.

[98] Ton J,Jain A K.Registering landsat images by pointmatching[J].IEEE Transactions on Geoscience and Remote Sensing,1989,27(5):642-651.

[99] Flusser J,Suk T.A moment-based approach to registration of images with affine geometric distortion[J].IEEE Transactions on Geoscience and Remote Sensing,1994,32(2):382-387.

[100] Azriel Rosenfeld,Avinash C Kak.Digital Picture Processing[M].2nd ed. New York:Academic Press,1982.

[101] Barnea D I,Silverman H F.A class of algorithm for fast digital image registration[J].IEEE Transactions Computers,1972,21(2):179-186.

[102] Viola P,Wells Ⅲ W M.Alignment by maximization of mutual information [C]//International Conference on Computer Vision. Los Alamitos: IEEE Computer Society Press,1995:16-23.

[103] Collignon A,Maes F,Delaere D,et al.Automated multi-modality image regis-

tration based on information theory [C]//Proceedings 14th International Conference on Information Processing in Medical Imaging(IPMI'95) :Computational Imaging and Vision.Toulouse:Kluwer Academic Publishers,1995.

[104] Shu Lixia,Tan Tieniu,Tang Ming,et al.A novel registration method for SAR and SPOT images[C]//IEEE International Conference on Image Processing.2005:13-16.

[105] Corvi M,Nicchiotti G.Multiresolution image registration[C]//1995 International Conference on Image Processing.Washington D.C.,1995.

[106] Goshtasby A,Stockman G C,Page C V.A region-based approach to digital image registration with subpilex accuracy[J].IEEE Transactions on Geoscience and Remotote Sensing,1986,24(3):390-399.

[107] 余翔宇,孙洪.基于 K-L 变换的两传感器图像自动配准[J].电波科学学报,2006,21(3):416-421.

[108] Barbara Zitová,Jan Flusser.Image registration methods:a survey[J].Image and Vision Computing,2003,21(11):977-1000.

[109] Alexander Wong,David A Clausi.ARRSI:automatic registration of remote-sensing images[J].IEEE Transactions on Geoscience and Remotote Sensing,2007,45(5):1483-1493.

[110] Yao Jianchao.Image registration based on both feature and intensity matching [C]//Proceedings of 2001 IEEE International Conference on Acoustics, Speech and Signal Processing.Kauai,Hawaii,USA,IEEE.2001:1693-1696.

[111] John C Curlander,Robert N McDonough.合成孔径雷达:系统与信号处理 [M].韩传钊,等译.北京:电子工业出版社,2006.

[112] Baselice F,Ferraioli G.Unsupervised coastal line extraction from SAR images [J].IEEE Geoscience and Remote Sensing Letters,2013,10(6):1350-1354.

[113] Heein Yang,Dal-Guen Lee,Tu-Hwan Kim,et al.Semi-automatic coastline extraction method using synthetic aperture radar images[C]//ICACT.2014: 678-681.

[114] Gens R.Remote sensing of coastlines detection,extraction and monitoring [J].International Journal of Remote Sensing,2010,31(7):1819-1836.

[115]　Andreas Niedermeier, Edzard Romaneessen, Susanne Lehner. Detection of coastlines in SAR images using wavelet methods[J]. IEEE Transactions on Geoscience and Remote Sensing, 2000, 38(5): 2270-2281.

[116]　Nunziata F, Migliaccio M, Li X, et al. Coastline extraction using dual-polarimetric COSMO-SkyMed PingPong mode SAR data[J]. IEEE Geoscience and Remote Sensing Letters, 2014, 11(1): 104-108.

[117]　Margarida Silveira, Sandra Heleno. Separation between water and land in SAR images using region-based level sets[J]. IEEE Geoscience and Remote Sensing Letters, 2009, 6(3): 471-475.

[118]　Dellepiane S, De Laurentiis R, Giordano F. Coastline extraction from SAR images and a method for the evaluation of the coastline precision[J]. Pattern Recognition Letters, 2004, 25(13): 1461-1470.

[119]　Michael Kass, Andrew Witkin, Demetri Terzopoulos. Snake: active contour models[C]//Proceedings of First International Conference on Computer Vision. 1987: 259-269.

[120]　Jong Sen Lee, Igor Jurkevich. Coastline detection and tracing in SAR image [J]. IEEE Transactions on Geoscience and Remote Sensing, 1990, 28(4): 662-668.

[121]　Stanley Osher, James Sethian. Fronts propagating with curvature-dependent speed: algorithms based on Hamilton-Jacobi formulation[J]. Journal of Computational Physics, 1988, 79(1): 12-49.

[122]　Ravikanth Malladi, James Sethian, Baba Vemuri. Shape modeling with front propagation a level set approach[J]. IEEE Transactions on PAMI, 1995, 17(2): 1866-1872.

[123]　Anthony Tsai, Arun Yezzi, Allen Willsky. A curve evolution approach to smoothing and segmentation using the Mumford-Shah functional[C]//IEEE Conference on Computer Vision & Pattern Recognition. 2000: 235-247.

[124]　Anthony Tsai, Arun Yezzi, Allen Willsky. Curve evolution implementation of the Mumford-Shah function for image segmentation, denoising interpolation, and magnification[J]. IEEE Transactions on Image Processing, 2001, 10(8): 1169-1185.

[125] Caselles V, Kimmel R, Sapiro G. Geodesic active contours[J]. International Journal of Computer Vision, 1997, 22(1):61-79.

[126] Malladi R, Sethian J A, Venmuri B C. Shape modeling with propagation: a level set approach[J]. IEEE Transactions on Pattern Analysis and Machine Intelligence, 1995, 17(2):158-174.

[127] Chan T F, Vese L. Active contours without edges[J]. IEEE Transactions on Image Processing, 2001, 10(2):266-277.

[128] Zhang K H, Song H H, Zhang L. Active contours with selective local or global segmentation: a new formulation and level set method[J]. Journal of Image and Vision Computing, 2010, 28(4):668-676.

[129] Li C M, Kao C Y, Gore J C, et al. Implicit active contours driven by local binary fitting energy[C]//IEEE Conference on Computer Vision & Pattern Recognition. Minneapolis, 2007:339-345.

[130] Li C M, Kao C Y, Gore J C, et al. Minimization of region-scalable fitting energy for image segmentation[J]. IEEE Transaction on Pattern Analysis and Machine Intelligence, 2008, 17(10):1940-1949.

[131] Zhu Guopu, Zhang Shuqun, Zeng Qingshuang, et al. Boundary-based image segmentation using binary level set method[J]. Optical Engineering, 2007, 46(5):1-3.

[132] Sriniv A U, MONGA V, RAJ R G. SAR automatic target recognition using discriminative graphical models[J]. IEEE Transactions on Aerospace and Electronic Systems, 2014, 50(1):591-606.

[133] Wu Tao, Chen Xi, Ruang Xiangwei, et al. Study on SAR target recognition based on support vector machine[C]//2009 2nd Asian-Pacific Conference on Synthetic Aperture Radar. 2009:856-859.

[134] 王璐, 张帆, 李伟, 等. 基于Gabor滤波器和局部纹理特征提取的SAR目标识别算法[J]. 雷达学报, 2015, 4(6):658-665.

[135] 齐会娇, 王英华, 丁军, 等. 基于多信息字典学习及稀疏表示的SAR目标识别[J]. 系统工程与电子技术, 2015, 37(6):1280-1287.

[136] Hinton G E, Osindero S, Ten Y W. A fast learning algorithm for deep belief nets[J]. Neural Computation, 2006, 18(7):1527-1554.

[137] Vincent P, Larochelle H, Lajoie I, et al. Stacked denoising autoencoders: learning useful representations in a deep network with a local denoising criterion[J]. Journal of Machine Learning Research, 2010, 11 (12): 3371-3408.

[138] Lecun Y, Bottou L, Bengio Y, et al. Gradient-based learning applied to document recognition[J]. Proceedings of the IEEE, 1998, 86(11): 2278-2324.

[139] Ma Y, He J, Wu L, et al. An effective face verification algorithm to fuse complete features in convolutional neural network[C]//International Conference on Multimedia Modeling. Springer, Cham. 2016: 39-46.

[140] Ijjina E P, Mohan C K. Human action recognition based on motion capture information using fuzzy convolution neural networks[C]// 2015 Eighth International Conference on Advances in Pattern Recognition(ICAPR). Kalkata. 2015: 1-6.

[141] Ciompi F, De Hoop B, Van Riel S J, et al. Automatic classification of pulmonary peri-fissural nodules in computed tomography using an ensemble of 2D views and a convolutional neural network out-of-the-box[J]. Medical Image Analysis, 2015, 26(1): 195-202.

[142] Li J, Zhang R, Li Y. Multiscale convolutional neural network for the detection of built-up areas in high-resolution SAR images[C]// 2016 IEEE International Geoscience and Remote Sensing Symposium(IGARSS). Beijing. 2016: 910-913.

[143] Chen S, Wang H, Xu F, et al. Target classification using the deep convolutional networks for SAR images[J]. IEEE Transactions on Geoscience and Remote Sensing, 2016, 54(8): 4806-4817.

[144] Liu J, Gong M, Qin K, et al. A deep convolutional coupling network for change detection based on heterogeneous optical and radar images[J]. IEEE Transactions on Neural Networks and Learning Systems, 2016, 29(3): 545-559.

[145] Ding J, Chen B, Liu H, et al. Convolutional neural network with data augmentation for SAR target recognition[J]. IEEE Geoscience and Remote Sensing Letters, 2016, 13(3): 364-368.

［146］ 史鹤欢,许悦雷,马时平,等.PCA 预训练的 CNN 目标识别算法[J].西安电子科技大学学报,2016,43(3):161-166.

［147］ 白玉,姜东民,裴加军,等.改进的 ELU 卷积神经网络在 SAR 图像舰船检测中的应用[J].测绘通报,2018(1):128-131.

［148］ 谷雨,徐英.面向 SAR 目标识别的深度卷积神经网络结构设计[J].中国图象图形学报,2018,266(6):154-162.

［149］ 李君宝,杨文慧,许剑清,等.基于深度卷积网络的 SAR 图像目标检测识别[J].导航定位与授时,2017,4(1):60-66.

［150］ 李松,魏中浩,张冰尘,等.深度卷积神经网络在迁移学习模式下的 SAR 目标识别[J].中国科学院大学学报,2018,35(1):75-83.

后 记

在本书的写作中，需要感谢下面几位。

首先要感谢我的导师李景文教授。本书的主体内容形成于我的求学阶段，感谢您在生活上给予的关心，感谢您在科研上给予的悉心指导。李老师以其认真严谨的治学态度、渊博的专业知识、宽阔的研究视野在学业上给予我最好的教诲。李老师一贯坚持民主的学术作风和开放启发式的指导，充分给予我自由发挥创造力的空间。在我进入课题和开展课题的各个阶段，李老师极力鼓励并支持我参加国内、国际学术会议，使我能充分了解和把握与课题相关的国际前沿研究状态，进而整体构思和把握自己的课题方向。在此，我向李老师表示诚挚的敬意和衷心的感谢。李老师对科学孜孜不倦的追求，给我留下了深刻的印象，使我受益匪浅，并将在今后的工作中激励我不断奋发进取。

其次要感谢我的家人。你们一直在我的身旁，陪伴我渡过风风雨雨，感谢你们在生活上对我的照顾，使得我的课题能够顺利进行。

还要感谢整个课题组成员给予我的支持和帮助。大家融洽的科研氛围和愉快的合作精神为我营造了一种良好的学习、科研、生活环境。感谢大家在课题研究中的交流和讨论，在与他们进行这些非常有益的讨论中，使我开阔了视野，增长了不少见识，并从中获得了诸多启发。

谨以此书献给你们，祝你们身体健康，工作顺利，事业有成，阖家幸福！

SAR 技术发展日新月异，限于著者水平和时间仓促，一些问题难免顾及不周，本书中难免存在不足或错误，恳请读者批评指正。

魏雪云

于江苏镇江

2019 年 10 月